装备综合保障业务模型

Materiel Integrated Support Business Model

主　编　任　远　曹军海　刘福胜

任欣欣　申　莹

国防工业出版社

·北京·

内 容 简 介

　　装备综合保障工程是在装备全寿命周期中为满足战备和任务要求，综合规划装备所需的保障问题，在装备部署使用的同时以可承受的寿命周期费用提供与装备相匹配的保障资源和建立有效的保障系统所进行的一系列技术与管理活动。装备综合保障工程是装备系统工程的重要组成部分。装备综合保障工程是一个由装备各相关方密切参与、贯穿装备全寿命周期、反复迭代的复杂系统工程过程。如何适应工程应用环境，实现多学科、多领域综合集成，一直是影响装备综合保障工程真正实现工程化应用的瓶颈。本书共分为 8 章，主要从业务工程角度出发，剖析了装备综合保障的系统工程实施体系，提出了装备综合保障业务工程理论，建立了装备综合保障业务模型体系，并为相关应用系统开发提供了一个装备综合保障集成化应用框架参考模型。装备综合保障业务模型是对装备综合保障工程理论体系的补充与完善，也是对装备综合保障的工程化发展与应用的有益探索，同时也为相关领域的研究与应用提供技术参考。

　　本书可以作为高等院校兵器科学与技术、军事装备学等相关专业的研究生参考教材，也可供从事装备系统工程、装备综合保障工程、装备质量等领域研究与应用的读者和工程技术人员参考。

图书在版编目（CIP）数据

装备综合保障业务模型/任远等主编. —北京：国防工业出版社，

2023.4

ISBN 978-7-118-12922-9

I. ①装… II. ①任… III. ①装备保障－系统建模 IV. ①E145.6

中国国家版本馆 CIP 数据核字（2023）第 060578 号

※

国防工业出版社出版发行

（北京市海淀区紫竹院南路 23 号　邮政编码 100048）

三河市腾飞印务有限公司印刷

新华书店经售

*

开本 710×1000　　1/16　　印张 12　　字数 208 千字

2023 年 4 月第 1 版第 1 次印刷　　印数 1—1500 册　　定价 89.00 元

（本书如有印装错误，我社负责调换）

国防书店：（010）88540777　　　　书店传真：（010）88540776
发行业务：（010）88540717　　　　发行传真：（010）88540762

编委会名单

主　　编：任　远　　曹军海　　刘福胜
　　　　　任欣欣　　申　莹
副　主　编：杜海东　　徐　丹　　刘益新
　　　　　张　磊　　田洪刚　　王　佳
参编人员：何成铭　　陈守华　　张　波
　　　　　李羚玮　　黄玺瑛　　胡亚俊
　　　　　郭庆义　　张　悦　　高　静
　　　　　张　闯　　张　强　　郭一鸣

前　言

　　装备综合保障工程是装备系统工程的重要组成部分，其"尽早考虑保障""保障影响设计""全寿命周期保障"的三大核心理念，使其成为在装备型号项目中系统有效地解决装备保障问题的唯一途径。它的起源既来自于愈加精密复杂的武器系统对装备保障愈发苛刻的要求，也来自于人们对装备保障问题的全新认识。从 20 世纪六七十年代被提出以来，经过近半个世纪的发展，装备综合保障工程的理论、方法与技术在各国武器装备的研发中，得到了高度的重视和广泛的应用，已经形成了国际、国家或行业标准，并已深度融入整个装备系统工程过程中，成为国防工业新装备研发与运维保障的基本实践指南，甚至对民用领域的大型复杂产品，如航空、航天、船舶、矿山、轨道交通、汽车、电力等，也产生了重要影响，带来了广泛的经济和社会效益。

　　装备综合保障工程本质上是系统工程理论与方法在装备保障领域的具体实践。它涉及系统工程、质量工程、可靠性工程、维修性工程、安全性工程、测试性工程、环境工程、人机工程学、运筹学、管理学、统计学、软件工程等诸多工程技术和学科领域，它属于典型的多学科交叉、多领域集成的一项工程技术，也是一个专业性很强的工程技术领域。

　　近年来，随着我军高新技术装备的快速更新换代，加之装备保障机制和体制的不断改革，装备综合保障工程在新装备研发及保障能力建设方面的需求更加迫切，作用也愈发凸显。虽然国内在消化吸收的基础上，也颁布了相关国家军用标准来指导该领域的发展与应用，但由于国内国防工业领域在装备型号中全面实施装备综合保障工作的成功经验还很缺乏，在具体实践过程中遇到了一些障碍，其中较为突出的问题并非体现在具体方法和技术层面，而主要体现在顶层业务流程、管理机制和军队与工业部门的协调方面，即主要是管理问题。当前，对于深化装备综合保障工程在装备系统工程中的落实，较为迫切的工作是从顶层构建包含军方和国防工业部门双方的业务模型体系，理顺装备综合保障的工程实践思路，明确职责、角色和分工，理清工程信息的流动过程，从而为装备综合保障的工程实践建立总体工作框架和业务流程体系。本书作者多年来从事装备综合保障工程领域的科研与教学工作，曾参与了相关国家军用标准的制修订，并组织开发了多个相关软件平台系统，在装备综合保障工程领域具有丰富的理论与实践经验。作者基于在该领域的多年经验积累，结合相关科研项目成果，并参考国内外学者编著的相关书籍、标准和文献资料等撰写完成此书，力图为装备综合保障工程在我国国防系统中的贯彻和实施提供参考和指南，也为相关专业领域的科研人员和工程技术人员提供一本有价值的参考书籍。

在本书的编写过程中，注重了内容的选择和编排，围绕装备综合保障的工程实践问题而展开，从介绍装备保障性和装备综合保障工程的基本概念、内涵、背景和相关技术与标准入手，结合对业务建模、数据建模技术的介绍，提出了基于业务建模思想与方法，构建装备综合保障系统工程实施体系的思想，并以国内装备综合保障的核心标准为基础，构建了装备综合保障业务模型体系，并进一步提出了以业务模型为基础的装备综合保障集成化应用框架，为相关集成应用系统的开发与应用提供参考模型。

全书共分为8个章节，第1章介绍装备保障、装备保障性的基本概念、内涵等，并分析了装备综合保障在工程实践中存在的问题等；第2章介绍装备综合保障工程的基本概念、内容、任务和特点等，并介绍了装备综合保障工程的核心技术——装备保障性分析的内容、流程和具体分析技术等；第3章介绍业务建模技术的有关概况，包括其概念、一般过程、相关建模技术等，分析了业务建模在典型领域的应用等；第4章从装备综合保障的工程实施出发，分析了装备综合保障的基本业务流程，在此基础上提出了装备综合保障系统工程实施体系；第5章从业务工程理论出发，提出了装备综合保障业务工程的概念和体系结构，并介绍了装备综合保障业务建模的基本过程和步骤；第6章以装备综合保障核心国家军用标准出发，构建了装备综合保障业务模型，包括业务结构模型、业务交互模型和业务数据模型，形成了装备综合保障的业务模型体系；第7章从装备综合保障业务模型的工程化应用出发，提出了以业务模型为核心的装备综合保障集成化应用框架，为相关集成应用平台的开发提供了一个可参考体系框架；第8章对装备综合保障工程未来的工程化应用前景和发展方向进行了简要展望。

本书由任远、曹军海、刘福胜、任欣欣、申莹担任主编，杜海东、徐丹、刘益新、张磊、田洪刚、王佳担任副主编，何成铭、陈守华、张波、李羚玮、黄玺瑛、胡亚俊、郭庆义、张悦、高静、张闯、张强、郭一鸣等参与了编写工作。其中任远、任欣欣编写了第1章，刘福胜、刘益新、田洪刚编写了第2章，申莹、王佳、李羚玮、张闯编写了第3章，曹军海、徐丹、陈守华编写了第4章、第8章，杜海东、何成铭、陈守华、黄玺瑛编写了第5章，张波、胡亚俊、郭一鸣、郭庆义编写了第6章，张磊、张悦、高静、张强编写了第7章，曹军海、申莹、张悦、高静对全书进行了校对，胡亚俊、张闯、张强等为本书做了资料收集、分析与整理工作，在此对他们表示感谢。

在本书的编写过程中，参考了大量国内外文献资料，在此对文献的作者表示衷心的感谢。书中部分内容取材于作者研究生的研究成果，在此一并表示感谢。

  由于作者水平有限，同时装备综合保障工程作为多学科交叉、多领域集成的一门复杂工程技术，随着新技术的发展和工程实践的不断深入，其工程化理念和思想还在不断发展，其内容还在不断地丰富和更新，因此书中难免存在错误、遗漏及不妥之处，敬请广大读者批评指正。

目　　录

第1章　绪论

  装备是用以实施和保障作战行动的武器、武器系统和军事技术器材的总称，主要指武装力量编制内的武器、弹药、车辆、器材、装置等。由此可知，装备这一概念不仅包括实施作战行动的主战装备，还包括保障作战行动的保障装备、设备、器材、弹药等，正如古人所说的"兵马未动，粮草先行"，战争离不开武器装备，也更离不开保障，特别是以装备为对象的装备保障。21世纪初的伊拉克战争和近20年来发生的几场局部战争都诠释了高科技武器装备是现代军队发展和军事实力的重要支柱，而装备保障能力则是高科技武器装备战斗力的重要组成部分，是保证武器装备充分发挥、保持、恢复与提高战术技术性能的关键因素之一。现代战争节奏加快，对抗更加残酷激烈，装备损伤消耗率高，对装备保障的依赖程度也越来越大。

  随着高新技术武器装备在现代战争中的作用愈发关键，装备保障的意义也越来越重要。任何武器装备本身都不可能具备无穷无尽的持续作战能力，还必须依靠与之配套的保障装备、保障设备、备品备件、弹药物资和保障人员等资源通过有机的组织和管理所形成的保障系统，即保障资源的有机组合，从而对武器装备提供及时而有效的保障，才能使装备真正发挥其使用效能。装备要完成规定的作战与使用功能，就必须依靠与主战装备相匹配的保障系统，二者有机组合起来才能形成装备系统。因此，武器装备本身与其配套的装备保障系统是不能分割的，实际上在现代装备系统理论中，装备保障已经成为武器装备系统的内在功能之一。

  鉴于装备保障对于武器装备的重要意义，美国国防部早在1964年就颁发了指令DODD4100.35《系统和设备的综合后勤保障的研制》，首次提出了综合后勤保障（Integrated Logistics Support，ILS）的概念以及武器装备全寿命周期管理中的ILS问题，规定在装备设计中应用综合后勤保障工程技术，开展综合后勤保障的管理活动。这个指令在1968年改为DODD4100.35G《系统和设备的综合后勤保障的采办和管理》，提出了综合后勤保障的11个组成要素，其中包括综合后勤保障管理要素。20世纪70年代，为了推动综合后勤保障工作的开展，美军又先后颁布了DODD5000.1《重要武器系统采办》、MIL-STD-1388-1《后勤保障分析》和MIL-STD-1388-2《国防部对后勤保障分析记录的要求》三份重要文件，进一步明确了综合后勤保障在国防采办中的重要地位及其目标，并提出了武器装备全寿命周期各阶段开展后勤保障分析（Logistics Support Analysis，LSA）的工作项目。20 世纪 80 年代，美军综合后勤保障进一步发展，通过颁布和修订多份采办指令文件和相关军用标准，进一步明确了综合后勤保障的目标以及在装备寿命周期的各个阶段开展综合后勤保障的具体工作内容，并开始出现后勤、保障系统、保障性的概念。20 世纪 90 年代，综合后勤保障得到了成熟发展，采办后勤成为这个阶段的重点，将综合后勤保障作为装备采办工作的一个不可分割的组成部分，并逐步形成了系统工程过程的认识。进入 21 世纪，综合后勤保障进入了"基于性能的保障（Performance Based Logistics，PBL）"和"基于性能的保障性（Performance Based Supportability，PBS）"时代。PBL 确定了寿命周期保障的目标，PBS 则明确了以早期设计和保障决策为重点的实现 PBL 的目标的过程。PBL 的提出强调了以用户为中心，以系统战备完好性和任务持续能力为驱动，以用户核心保障能力建设为重点，以承包商保障能力为重要补充的武器装备保障系统建设新思路。

我国从 20 世纪 80 年代开始借鉴美军的做法，在武器装备研制过程中引入综合后勤保障的概念，称为装备综合保障，并先后在消化吸收美军相关标准的基础上，颁布了 GJB—3872《装备综合保障通用要求》、GJB—1371《装备保障性分析》和 GJB—3837《装备保障性分析记录》等标准，来指导装备综合保障在装备型号中的落实。此后我军在二代、三代装备中开始推广装备综合保障工作，并取得了良好成果，新装备保障能力得到明显提升，但从整体上看，还存在一定差距，主要体现在工程实践中的强制性、系统性及科学性方面差距明显，另外支撑手段也不成熟。

本书将从业务流程的角度探讨装备综合保障的工程实施问题，通过构建装备综合保障的业务模型、业务数据模型等为装备综合保障在武器装备型号中的工程实践提供指南。

下面将首先对装备保障、装备保障性等与装备综合保障密切相关的概念进行论述，并分析装备综合保障在工程实践中所面临的主要问题，为后续章节内容的展开进行铺垫。

1.1　装备保障

1.1.1　概念

2000 年版《军事辞海》中对"装备保障"的释义为：为保障技术装备完好所采取的措施。包括对技术装备、器材的供应、维护保养和抢修，使之经常处于或迅速恢复良好状态，保障使用的可靠性。

2001 年国防大学出版社出版的《战略装备保障学》中对装备保障的定义

是：组织实施军事装备的申请、补充、调拨供应、换装、调整、交接、退役、报废、储备、使用、维修和管理等各项措施与活动的统称，是军事装备工作的重要内容。

2004 年 6 月，总装备部综合计划部编纂的《装备工作名词术语释义》一书，对装备保障一词释义为：为满足部队遂行各项任务需要，对装备采取的一系列保证性措施以及进行的响应活动的统称。

2007 年 9 月，陆军装甲兵学院（原装甲兵工程学院）单志伟教授编著的《装备综合保障工程》一书，对装备保障的定义为：装备保障是指为使装备处于战备完好状态并能持续完成作战任务所需的保障工作。

上述四种定义中，都将装备保障界定为针对装备而开展的保障活动。其中，前两个定义是将装备保障界定为装备配属部队以后所进行的保障活动。第三个定义要宽泛些，可以理解为全系统、全寿命周期过程的保障活动。第四个定义是从装备保障的根本目的出发，指出了装备保障的基本目标，即使装备处于战备完好状态并能持续完成作战任务。

综合上述定义，可以对装备保障的概念进行界定：装备保障是指装备机关和分管装备的部门及其所属力量为保证部队完成各项任务，而采取的一系列保证性措施与进行相应活动的统称。

理解装备保障的概念和内涵，可以从以下几个方面入手。

（1）装备保障从本质上看是为实现军事行动目标的一项有意识、有目的、有组织的活动，是军事组织遂行的军事行动的不可或缺的组成部分，其从要素构成、表现形式、内部机制、运行过程、管理方法等方面，具有典型的复杂系统特征，需要从系统工程角度出发，以达成根本目标为基准，进行科学的设计、规划、组织与管理，是一项复杂的系统工程过程。装备保障的建设与实施涉及规划计划、组织管理、指挥控制、评估优化等，这其中既包含管理学范畴的内容，也包含各种科学技术手段的支持。

（2）装备保障的对象（即客体）是装备，这里所讲的装备是指装备体系中的所有装备，既包括战斗装备，也包括保障装备。战斗装备是主要的被保障对象，而保障装备作为保障的手段和工具，其本身也需要保障。

（3）装备保障的根本目标是通过保持装备完好，来保证部队完成各项任务，既包括平时的各项任务，又包括战时的各项作战任务，即训练任务、作战任务和各种勤务。保障目标可分为直接目标和间接目标。直接目标是保持和恢复装备规定的技术状态，以及使装备达到可用状态；间接目标是通过直接目标的实现，来保证部队遂行各项任务的完成。间接目标也是装备保障的根本目标。

（4）装备保障的内容既包括直接实施装备保障的各种技术活动，如技术状态检查、故障维修、预防性维修等，也包括为了有效执行各类技术保障活动而实施的相关指挥与管理活动，如战时保障指挥、装备管理、维修管理、器材管理等。具体的装备保障工作是由一系列相互关联、连续进行的保障活动组成的过程。这些活动包括计划、组织、指挥和控制管理等工作，还包括具体的保障活动。它们构成了装备保障的管理职能和管理方法。

（5）装备保障活动是一种组织行为，每一个具体的保障过程都是由一个群体承担，而一项具体的保障活动可能由群体承担，也可能由单独的个体承担。装备保障的主体是装备机关和分管装备部门及其所属保障力量。其中，装备机关和分管装备部门是组织装备保障的机关，是装备保障工作的组织和领导者；所属保障力量包括本级建制的、上级加强的和地方支援力量，是装备保障活动的实施者。无论是全体还是个体，都存在于装备保障的组织体系中。装备保障活动是由装备保障的主体通过一系列管理职能和方法来驱动的。所谓管理职能，既包括计划、组织、指挥等"硬"职能，也包括文化、教育、疏导、服务等"软"职能。所谓方法，既包括经济方法、行政方法、法律方法等传统方法，也包括运用现代科学技术和手段所形成的数学方法和自动控制、职能控制、优化控制等现代管理手段。通过管理来提高保障的效能，如保障的时效性、各种保障资源的优化等。

（6）装备保障的效果取决于两个方面的影响因素，即从装备角度来看的内因和外因。内因指装备本身的因素，主要是装备本身的设计特性，如可靠性、维修性、保障性、测试性、安全性等通用质量特性，这些特性能够决定装备对保障的需求强度以及是否便于保障和是否可以得到保障等，内因是由装备本身的设计所决定的，即需要装备的研制部门来解决。外因则是指装备本身以外的因素，主要是配套的装备保障系统以及外部保障环境因素等。装备保障系统是由人员、技术、信息、物资等各种保障资源有机组合而成的复杂系统，保障系统内部各要素的配置、关系、组织管理机制等，装备保障系统与主装备之间的主客体关系、匹配程度等都会极大地影响装备保障的质量和效果。而装备保障系统的好坏是取决于部队装备保障体系的建设与管理水平的，即需要装备的使用方通过系统的装备保障体系建设来解决。除了装备保障系统之外，外部因素还包括外部保障环境，主要是指国家的政治经济体制、国家和军队的法规制度、社会生产力水平、民族文化、科学技术水平、人力资源和自然资源条件、作战任务环境等，外部保障环境也会对装备保障活动产生重要影响。

（7）装备保障的评价强调以费效比为主要依据。装备保障工作要通过有效组织、配置和利用装备保障系统的各种资源来实现其保障目标，因为任何保障资源总是有限的，从而保障系统的能力也总是有限的，这就要求对装备保障的规划与设计，应当充分考虑各种约束条件，并在可行范围内力争达到最优成效，即以最小的费用（代价）获得最大的（满意的）军事和经济效益。因此，装备保障的计划与实施要求从最优化的思想出发，以保障效能最大化为目标，进行规划、计划、组织、实施和管理。

1.1.2　分类

根据装备任务环境的背景，装备保障分为平时装备保障和战时装备保障。

平时装备保障是指针对装备平时的训练及演习任务而实施的各类技术保障活动与指挥管理活动。其关注点在于如何以更加经济、高效的活动组织方式来实施保障活动，保证装备适应部队平时的各类训练使用任务，保证部队各类训练任务的顺利完成。

战时装备保障则是指针对装备战时的作战任务而实施的各类技术保障活动和指挥管理活动。其关注点在于如何以最灵活、迅速的活动组织方式来保证装备能够遂行作战任务，并以最大可能保证作战任务的成功。

由于所针对的任务背景不同、工作的关注点不同，平时装备保障和战时装备保障在军事需求、组织形式、活动流程、评价机制等方面均有很大区别。

根据装备保障活动的性质，装备保障可以分为使用保障和维修保障，其中维修保障又可以分为预防性维修保障和修复性维修保障。

使用保障是指为保证装备正确操作以便能充分发挥其作战性能所进行的一系列保障工作，如装备封存与启封、储存与运输、使用前检查、加添燃油和冷却液、补充弹药等。从本质上，使用保障是为了保证装备的顺利使用和操作以便完成其作战或训练任务，而实施的相关技术保障活动。因此使用保障活动针对的不是装备的故障或者损伤，而是装备的正常使用，这些保障活动通常包括执行任务之前的接电充电、开机检测、弹药装填、油液加注、武器或附件挂装、特种用途设备安装等，即所谓的"充、填、加、挂"活动。装备的使用保障工作与装备的类型及装备执行的具体任务关系密切。同类型装备，因其要执行的任务不同，使用保障工作也大大不同。以装甲装备为例，其在执行一般陆上出动任务时，需要完成充电、油液加注等保障活动；而当其执行河流潜度任务时，需要完成潜度装具的安装、密封与测试等工作。不同类型的装备，如飞机、导弹、装甲车辆、舰船等各种类型的装备，其使用保障工作的形式和内容都差别很大。例如，陆军导弹武器的保障，其弹体部分的保障活动主要是使用保障工作，而其载具的保障活动却比较复杂。使用保障是装备动用过程中必不可少的一类装备保障活动，对装备正常发挥其使用功能非常重要。

维修保障是指为了保持和恢复装备完好的技术状况所进行的保障工作，如装备的预防性维修、修复性维修（修理）、战场抢修、器材供应等。维修保障活动针对的主要是装备的故障和损伤，其工作的内容也主要体现为维护、保养和修复等。维修保障活动根据其实施的时机不同，主要可以分为预防性维修和修复性维修。预防性维修是为了预防装备功能故障的发生而在故障发生前所采取的各种维修活动，其根本目的是为了保证装备"不发生"故障，其工作形式通常包括保养、技术状态监控、功能检测、定时维修、定时更换及综合工作等。修复性维修是在装备发生故障、损伤等事件后所采取的各种恢复性修理活动，其根本目的是为了尽快将装备恢复至可执行任务状态。之所以要对两种维修保障活动进行区别，主要原因在于两种维修保障活动由于其根本目的不同，其规划、设计、实施和评估的原则、方法和手段均有很大不同，需要从不同的思路加以考虑。

使用保障与维修保障工作都需要相应专业人员的配备与训练、物资保障以及一套完整的系统，才能得以有效实施。而这样一套完整的系统，就是我们要研究的装备保障系统。

1.2　装备保障性

如前所述，装备保障的影响因素包括内因和外因，其中内因取决于装备本身的设计，特别是与保障相关的设计特性，统称为装备的保障特性或简称为保障性。装备的保障特性是指装备保持和恢复战备完好状态、能持续完成作战与训练任务的能力，它表现为装备便于进行使用与维修保障并能在使用与维修的过程中得到充足和适用的保障的特性，装备所具有的这种能力称为保障能力。近年来发生的几场局部战争表明，装备的保障能力是装备战斗力的重要组成部分，是保证装备充分发挥、保持、恢复与提高战术技术性能的重要因素。现代战争节奏加快，对抗更加残酷激烈，装备损伤消耗率高，对装备保障的依赖程度也越来越大。

武器装备在投入使用后能否尽快形成保障能力，本质上取决于装备系统的保障特性，既要求主装备本身具有便于保障的设计特性，又要求保障系统具有能够对主装备实施及时有效保障的特性，上述特性称为装备系统的保障性。

1.2.1　保障性的定义与内涵

根据国家军用标准 GJB—451A—2005《可靠性维修性保障性术语》的定义，保障性（Supportability）是系统的设计特性和计划的保障资源能满足平时和战时使用要求的能力。

保障性作为装备系统的固有属性，它包括以下两个方面的含义。

（1）装备要具有便于保障的设计特性。装备设计得可靠耐用，操作简便，易于维护、修理，便于检测、装卸、运输，便于补充燃油、冷却液、弹药等消耗品，装备的保障工作自然就会少，而且简便易行。如果装备具有便于使用与维修保障的设计特性，就说明它是好保障的。

如装备的可靠耐用、维修方便、充添加挂容易、人员技术要求低、所需要的保障资源品种与数量少等都体现了装备便于保障的特性。

（2）所规划的保障资源应当充足、适用。保障资源是指为保证装备达到平时和战时使用要求，所必需的人力、物力和信息等资源，是对装备实施保障活动的物质基础。保障资源通常包括以下 8 大类：①装备使用与维修人员；②消耗品和备件；③保障设备；④技术资料；⑤训练保障资源；⑥嵌入式计算机的保障资源；⑦保障设施；⑧包装、装卸、储存和运输保障资源。所规划的保障资源在品种和数量上能满足装备的使用与维修需求，则说明所规划的保障资源是充足的；所规划的保障资源与主装备相匹配，装备使用与维修所需要的保障资源都在规划的范围内，而且所规划的保障资源都是装备使用与维修保障所必需的，则说明所规划的保障资源是适用的。

如果所规划的保障资源品种和数量不充足，就会因等待保障资源而延误保障行动；如果所规划的保障资源不适用，要么出现保障资源不充足而延误保障行动的现象，要么出现保障资源过剩而造成经济效益低下的现象，甚至两种情况同时发生。如保障资源配置的品种与数量较多，但利用率较低，并且仍然缺少部分保障资源都是保障资源配置不合理的表现。

1.2.2 保障性与其他设计特性的关系

在装备系统工程领域，装备的可靠性（Reliability）、维修性（Maintainability）、保障性是关系最为密切的装备通用设计特性，简称为"RMS"，加上后续又逐渐独立出来的测试性（Testability）和安全性（Safety），它们被定义为装备的通用质量特性，简称装备"五性"或"RMSTS"。其中装备的保障性是装备便于保障的属性的综合体现，它受到各种设计特性的影响和制约。可靠性、维修性和测试性等都是装备的固有设计属性，保障性则是装备系统的固有属性，它们都是装备综合性能的重要组成部分。它们从不同侧面反映了装备的综合性能，要通过不同的专业工程进行设计、分析和评价。同时，为了以最低的或可承受的寿命周期费用实现装备的战备完好性目标，可靠性、维修性和测试性等设计特性与保障性之间必须是协调的，它们之间存在着相互影响、相互制约的关系，各专业工程都是装备系统工程过程的不可分割的组成部分，相互之间通过接口关系而相互作用和影响。

装备系统的保障性是通过在装备的寿命周期内开展综合保障工作（确定保障性要求、进行保障性分析、综合考虑保障问题，使保障考虑影响装备设计，同步规划保障资源，建立经济有效的保障系统等）赋予装备系统的固有属性。装备综合保障工程与可靠性、维修性、测试性工程等是不同的专业工程。在系统工程过程中，综合保障工程与可靠性、维修性和测试性工程之间相互作用并存在着接口关系。如在保障性分析过程中需要可靠性、维修性、测试性分析、预计和分配等的结果，而保障性分析的结果可能又会反过来影响可靠

7

性、维修性、测试性的要求和设计。

从设计属性的角度讲，保障性和可靠性、维修性、测试性有着共同的目标，即提高装备的战备完好性、可用性，保证任务成功和减少维修人力与保障费用，因而它们之间既相互影响和制约、又必须是相互协调的，它们统一于寿命周期费用和战备完好性目标。如以使用可用度（A_O）作为战备完好性的度量参数，若不考虑待命时间、不工作时间、反应时间和管理延误时间，则保障性与可靠性、维修性（含测试性）之间存在如下关系：

$$A_O = \frac{\text{MTBF}}{\text{MTBF} + \text{MTTR} + \text{MPT} + \text{MLDT}} \tag{1-1}$$

式中　MTBF——平均故障间隔时间，可靠性的基本参数之一；

　　　MTTR——平均修复时间，维修性的基本参数之一，反映了修复性维修的难易程度；

　　　MPT——平均预防性维修时间，维修性的基本参数之一，反映了预防性维修的难易程度；

　　　MLDT——平均保障延误时间，反映了所规划的保障资源的充足与适用程度及保障系统的效能。

式（1-1）较为清晰地描述了装备的战备完好性（使用可用度）水平与装备的可靠性、维修性（含测试性）水平，以及所规划的保障资源的充足与适用程度和保障系统效能之间的关系。当然如果考虑待命时间、管理延误时间等因素，上述关系可能更为复杂一些，但只要能把各类时间统计清楚，仍然能够清楚地描述它们之间的关系。

1.2.3　落实装备保障性的方法

如前所述，装备保障性是装备的重要设计特性，要使装备系统具有良好的保障性，既要在论证、研制和生产阶段开展保障相关设计，将保障考虑纳入装备设计，还要在装备部署后，开展保障系统的建设，落实装备保障方案和配套的保障资源，提高装备保障效能，因此可以说，良好的装备保障性的实现，是一个贯穿于装备全寿命周期过程、反复迭代不断优化的系统工程过程，即要在装备的寿命周期内开展装备综合保障工程。通过开展装备综合保障工程，实施保障性分析，综合考虑保障问题，使保障考虑影响装备设计；并通过在装备研制过程中同步规划保障资源，建立经济有效的保障系统，对装备实施及时有力的保障。

因此可以说，落实装备保障性的唯一方法，就是在装备的全寿命周期中开展系统的装备综合保障工程工作。装备综合保障工程是装备系统工程过程不可或缺的组成部分。

1.3　装备综合保障的工程化问题

自 20 世纪末以来，在消化吸收国外工程经验的基础上，我国军方与国防工业部门密切协作，在各军兵种装备型号项目中，开展了一些装备综合保障工程方法的试点应用，取得了一定的成果，也获取了一些经验。随着我军三代装备的相继服役，装备的技术水平和复杂性也大幅提高，装备保障的难度和需求也越来越大，对装备综合保障工作也提出了更高的要求。作为装备系统工程过程的重要组成部分，随着我国国防工业部门在开展装备综合保障工作过程中，遇到了一些严重的问题，特别是装备综合保障业务组织结构不清楚，相关业务流程不明确，由此造成了军方、工业部门之间职责不清，业务数据的收集、处理、共享与交换困难，制约了装备保障性设计分析工具的工程化部署与应用，综合保障工作难以深入开展。这已经成为影响国内综合保障工程技术进入装备型号工程的瓶颈问题之一。

装备保障性分析是装备综合保障工程开展过程中的核心环节，它是一个基于数据与流程的设计分析过程，大量的设计分析过程依赖于对相似装备历史数据的分析和参照以及新装备保障系统数据的生成、处理及综合，因此要求保障性分析相关业务部门岗位确定、职责清楚、业务往来明确，从而得到准确的装备本身及其保障系统的数据。但目前国内还没有建立起一个统一的、系统的、与工具和平台无关的装备综合保障业务模型体系来支撑在装备全寿命周期过程中综合保障业务工作的开展，数据和信息的收集、处理和共享非常困难，更进一步地导致装备保障性分析过程无法顺畅实施。自 2000 年以来，我国在涉及陆军、海军、空军、火箭军的多个重大武器装备型号项目中尝试开展了综合保障工程，虽然取得了一定的成果，但在这一过程中所遇到的"职责不清、业务不明、信息不畅、数据不全"等重大问题也暴露得很明显。

国内于 1992 年颁布的国家军用标准 GJB—1371《装备保障性分析》从功能上看属于过程层标准，用于指导装备保障性分析工作过程，规定各项工作任务的内容和逻辑关系，为保障性分析过程提供指导；而 1999 年颁布的 GJB—3837《装备保障性分析记录》曾经作为国内装备保障性分析工具及综合保障工作平台系统的数据服务基础，它属于数据层标准，规定支撑装备保障性分析过程的数据模型结构和关系，为保障性分析过程中的信息集成提供参考。这两项标准均没有规定相应的业务部门在保障性分析流程中的地位、职责、作用和相互关系，从工程实施的角度来看，其很难对工程过程中的具体工作提供指导。1999 年我军颁发的 GJB—3872《装备综合保障通用要求》规范了装备型号项目中开展装备综合保障工作的通用要求，包括各项综合保障工作项目的目的、工作要点、工作内容、注意事项等，它划清了订购方和承制方两个方面在装备研制过程中各个阶段分别应承担的综合保障工作和职责，但该标准总体上属于管理层标准，层次较高，还不足以具体指导型号中的综合保障工作，特别是订购方和承制方具体业务部门的工作职责、工作关系和业务信息交换。综上所述，目前指导装备综合保障工作的三个核心标准从工程实践角度讲，都很难指导具体的业务工作，从而导致了目前在型号中开展综合保障工作"有标准可依、但却不知如何去做"的局面，往往需要在摸索中实践，在实践中总结经验，从经验中领会标准，这对于在我军装备研制过程中全面开展装备综合保障工作，造成了巨大障碍。

从综合保障工程的工程实施体系建设角度来看，目前在工程领域国内迫切需要完善的是综合保障工程的业务层要素，包括标准、指南和模型等，并实现综合保障工程与装备承制和研制部门整体业务流程的深度融合与集成。因此，进一步明确装备综合保障工程过程中的业务关系，建立装备综合保障业务模型，已经成为推动装备综合保障系统工程过程真正融入装备研制过程的当务之急。

装备综合保障业务模型是从综合保障工程的业务组织高度提出的一个新概念，它为装备综合保障工程实施过程中所涉及的具体业务和相关资源建立一个系统的体系结构，包含了业务组织、业务流程、业务交互和业务数据等模型要素。这个体系结构可以规范地定义部门、岗位、职责、工作流程、工作内容、业务往来、数据分类目录、单据报表和交换格式，能够支持综合保障工程过程中所有资源的收集、处理、利用和共享，是建立综合保障工程业务运行体系和信息服务体系的基础，也是综合保障集成化工程应用环境的业务框架和信息平台的核心部分，可以支持装备全寿命周期中综合保障工程业务的开展，指导相关信息系统的开发和应用，以及促进相关通用软件工具的集成和互操作，并将成为未来建立我军装备综合保障工程业务标准的依据。

从我国武器装备开展综合保障工程的需求来讲，建立装备综合保障业务模型对于逐步建立和完善我国武器装备综合保障工程的业务流程体系、信息环境和数据服务体系，对于国内综合保障技术的工程化发展都具有十分重要的意义。

1.4 本书的结构

本书重点从业务工程理论出发，剖析装备综合保障系统工程实施体系，通过对装备综合保障业务过程的分析，建立装备综合保障工程的业务模型，为装备综合保障的工程化实施提供模型参考。此外书中还介绍了装备综合保障工程、保障性分析、业务建模技术、装备综合保障集成化应用框架等内容。全书分为绪论、装备综合保障工程、业务建模技术及其应用、装备综合保障系统工

程实施体系、装备综合保障业务工程理论、装备综合保障业务模型、装备综合
保障集成化应用框架、应用与展望共 8 个章节。

第 1 章　绪论

介绍装备保障、装备保障性的有关定义、内涵及意义，分析装备综合保障
的工程化所面临的主要困难与问题，介绍本书的主要内容等。

第 2 章　装备综合保障工程

本章系统介绍装备综合保障工程的基本概念及内涵，对装备保障性分析进
行概要论述，并介绍装备综合保障的数据模型，对比分析国内外综合保障相关
标准的内容与特点，对国内外有代表性的装备综合保障工程应用软件平台进行
介绍，使读者对装备综合保障工程及保障性分析有一个概要的认识。

第 3 章　业务建模技术及其应用

本章从业务建模的基本概念入手，介绍业务建模的目的及其与其他建模工
作的关系，并对业务建模的一般过程以及 E-R、UML、IDEF、GRASP、Petri 网
等业务建模相关技术进行概要说明，然后简要介绍业务建模在企业信息化和业
务再造中的应用概况。

第 4 章　装备综合保障系统工程实施体系

本章着重分析装备型号的综合保障工程实施过程，分析综合保障工程在实
施中需要注意和明确的问题，从工程化实施的角度构建装备综合保障工程的系统
工程过程实施体系，为综合保障工程在型号项目中的全面推广提供一个框架，促
进综合保障工程在装备型号中的推广与应用，也有助于该领域的长远发展。

第 5 章　装备综合保障业务工程理论

本章对业务工程理论在装备综合保障领域的应用进行基础研究，并提出从
业务工程角度研究装备综合保障工程过程的理论，建立装备综合保障业务工程
的基本概念及体系结构框架，结合装备综合保障系统的特殊属性和业务运行特
点，对业务工程的概念、内涵及方法进行拓展和丰富，并对装备综合保障业务
模型的构建原则和建模过程进行说明。

第 6 章　装备综合保障业务模型

本章针对 GJB—1371《装备保障性分析》中规定的保障分析的工作流程和
工作内容，应用业务建模的方法，从业务结构模型、业务交互模型、业务数据
结构模型和业务数据描述模型四个方面构建装备保障性分析各工作项目的业务
模型，形成以保障性分析为核心的装备综合保障业务模型体系，实现对装备综
合保障业务工作的模型化和知识化表达，为装备综合保障的工程化实践提供了
理论参考，也为装备综合保障工作的信息化和相关信息系统的开发奠定流程和
数据模型基础。

第 7 章　装备综合保障集成化应用框架

本章基于第 6 章建立的装备综合保障业务模型，从工程化应用的目的出

发，规划并提出一个"装备综合保障集成化应用框架（MILSIAF）"模型，设计系统的总体功能结构，建立系统的工作流程模型和数据交互模型等，为建立基于业务模型的装备综合保障集成化应用系统提供参照模型。

第8章 总结与展望

本章对装备综合保障工程未来的工程化发展以及基于模型的装备综合保障工程提出展望。

第 2 章　装备综合保障工程

2.1　装备综合保障

2.1.1　装备综合保障工程的定义

装备综合保障工程是在装备研制全过程中为满足战备和任务要求，综合规划装备所需的保障问题，在装备部署使用的同时以可承受的寿命周期费用提供与装备相匹配的保障资源和建立有效的保障系统所进行的一系列技术与管理活动。装备综合保障工程通常也简称为综合保障工程或者综合保障。

装备综合保障是美国国防部最先提出的概念，在美国国防部的正式文件中，装备综合保障工程被称为"Integrated Logistics Support"，直译为"综合后勤保障"，英文缩写为"ILS"，而国内很多学者曾采用过如"Equipment Integrated Support""Materiel Integrated Support"或"Materiel Integrated Logistics Support"等多种英文译法，从而在理解上导致了一些误解，为了与国际接轨和便于形成一致理解，本书中仍采用美国国防部的正式用法，即"Integrated Logistics Support（ILS）"。

装备的保障性是通过开展装备综合保障工程来落实的。开展装备综合保障工程要达到两个目的：一是通过考虑保障问题对装备设计施加影响，使装备设计得便于保障；二是通过同步规划和获取保障资源，建立保障系统，对装备实施经济有效的保障，使所部署的装备能够得到保障。

保障系统是在装备寿命周期内用于使用和维修装备的所有保障资源及其管理的有机组合，是为达到既定的保障性目标使所需的保障资源相互关联和相互协调而形成的一个系统。虽然在规划保障的过程中，各类保障资源是根据装备战备完好性目标而研制和选用的，但只有保障资源还不能直接形成保障能力，需要将所有的使用与维修保障资源有机地组合起来，形成保障系统，才能充分发挥每项资源的作用。保障系统是保障资源及其管理的有机组合，这种组合不是简单的叠加，而是资源结合相应的管理，只有通过合理的管理，才能将分散的各类保障资源组成具有完整使用与维修功能的系统。通过在装备研制过程中考虑保障问题，影响装备设计，使所设计的装备具有便于保障的特性；将装备研制过程中同步规划和获取的保障资源有机地管理起来，形成与主装备相匹配的保障系统，才能对装备实施保障，使装备在使用中得到经济有效的保障。

2.1.2 装备综合保障工程的主要工作任务

为了实现在装备研制全寿命过程中"同步规划保障问题、保障影响设计"的总体目标，装备综合保障工程在装备全寿命过程中主要应完成以下几个方面的任务。

1）提出科学合理的装备保障性要求

在装备论证阶段和研制早期，通过系统论证提出符合装备作战使用要求、科学合理的装备保障性要求，是装备综合保障工程的首要任务。装备保障性要求是对装备保障相关特性设计的总体要求，与装备的战术技术和功能要求一样，是装备研制工作的主要依据。将装备的保障性要求纳入装备设计要求，并通过后续研制工作加以落实，是实现装备综合保障工程总体目标的根本保证。

2）有效地将保障考虑纳入装备系统设计

在装备研制过程中，装备综合保障工程通过组织保障性分析等一系列反复迭代的工作，将前期确定的保障性设计要求及考虑纳入装备的设计方案中，从而影响装备的设计，这是装备综合保障工程的主要工作任务之一。

3）规划并获取所需的保障资源

在装备部署使用前，科学地规划并获取各类装备保障资源，是建立装备保障系统的基础。通过科学方法，以最高费效比建立能够匹配装备保障特性并满足装备保障需求的装备保障系统，是装备综合保障工程的重要工作内容。

4）在使用阶段以最低的费用对装备实施保障

在装备部署使用后，通过不断改进装备保障方案、优化装备保障资源配置、提升装备保障系统保障能力，从而以最佳费效比实施装备保障活动，发挥装备的最大使用效能，是装备综合保障工程在装备使用阶段的主要工作。

2.1.3 装备综合保障工程的研究对象

装备在执行作战与使用任务时所需要的保障工作是多方面的，比如侦察、伪装、通信、气象、测量等作战保障，生活物资供应、医疗保健和救护等后勤生活保障，装备的储存、运输、加添燃料、补充弹药、检查、测试、维护、修理等装备保障。装备综合保障工程研究的是装备保障。

装备保障是指为使装备处于战备完好状态并能持续完成作战任务所需的保障工作。装备保障工作的多寡与难易程度，与装备研制中所赋予的设计特性密切相关。实施装备保障所需的保障资源，应当在装备研制过程中同步规划，确保与装备相匹配。装备综合保障工程主要研究如何规划和实施装备保障，使装备与其保障系统相互匹配发挥出最佳的使用效能。

　　本书中所指的装备保障包括使用保障与维修保障两大类。

　　使用保障是指为保证装备正确操作动用以便能充分发挥其作战性能所进行的一系列保障工作，如装备封存与启封、储存与运输、使用前检查、加添燃油和冷却液、补充弹药等。维修保障是指为了保持和恢复装备完好的技术状况所进行的保障工作，如装备的预防性维修、修复性维修（修理）、战场抢修、器材供应等。使用与维修保障工作都需要相应专业人员的配备与训练、物资保障以及一套完整的系统，才能得以有效实施。装备是否便于进行使用与维修保障，在很大程度上取决于装备的设计特性，而装备在使用与维修的过程中能否得到及时有效的保障，则取决于保障资源的充足与适用程度，或者说取决于保障系统的能力。比如，加注燃油的速度既与油路的结构设计有关，又与加油设备的性能有关；再如，部件的拆装时间既与装备的结构设计有关，也与拆装工具设备的性能有关。因此在装备研制时就要考虑装备的使用保障和维修保障问题，一方面影响装备的设计，使之设计得便于进行使用与维修保障，使用与维修保障工作少而且简单；另一方面，还能同步规划使用与维修保障所需的资源，使之能满足装备使用与维修保障的需要，并且与主装备相匹配。

　　对于装备使用保障，在研制阶段要考虑的因素如下：

　　（1）所设计的装备要便于操作，减少操作人员的数量，易于实施人员的训练，操作手不需要过高的文化水平，易于补充更替。

　　（2）能迅速有效地供应能源，如装备所需的能源要尽量标准化与通用化，以减少供应的品种和数量，燃油的加注应迅速有效，并有与装备使用要求相匹配的加注设备。

　　（3）有完善和适用的使用保障技术文件，使用操作文件应简单明确，图文并茂并与装备的技术状态相一致。

　　（4）使用中所需的检测设备及工具便于操作、携带和运送。

　　（5）适用于规定的运输方式和运输工具。

　　（6）装备具有自保障能力（如机载辅助动力、机载制氧设备等）、自救能力和适应特殊环境的能力等。

　　（7）具有良好的弹药加挂和补充能力。

　　（8）装备能合理和方便地储存，并保证质量完好。

　　（9）装备有适用的场站、仓库、码头等设施。

　　对于装备维修保障，在研制阶段要考虑的因素如下：

　　（1）制定合理的维修保障方案，以便规划维修所需的资源和保障要求。

　　（2）力求减少预防性维修的工作量，特别是基层级维修，以减少维修停机时间和维修人员、设备、器材等的配备。

　　（3）便于进行修理更换，并尽量采用通用和简单的工具、设备。

　　（4）提供与装备技术状态一致、并且简明适用的维修技术文件，以便统一维修要求和指导维修人员操作。

（5）易于实施维修人员的训练，维修人员不需要过高的文化水平，易于更替补充。

（6）战场维修所需配套工具及设备，应便于使用、携带和运输或便于随同战斗部队转移。

（7）维修备件配套定额和供应方案应力求标准化，减少供应品种和数量。

（8）有与各维修级别相适应的固定设施及相应的维修设备。

2.1.4 装备综合保障工程的特点

从上述对装备综合保障工程的定义、目的、主要任务和研究对象的描述，可以看出，装备综合保障工程具有如下特点。

1）装备保障与装备研制同步进行

过去，在装备研制过程中通常采用序贯式工程，一般都是在装备研制出来以后，才开始考虑其保障问题。采用这种方式研制出的装备，不仅使用与保障困难、保障费用高，而且配发到部队以后长期不能形成保障能力。开展装备综合保障工程，就是要改变上述状况，使装备保障与装备研制同步进行。在装备研制过程中综合考虑保障问题，影响装备设计，确保所设计出的装备便于保障、好保障；同步规划保障资源，保证在装备交付部队使用的同时，同步提供保障资源，建立经济有效的保障系统，把装备保障好。为此，在装备立项和论证时，就应开始进行保障问题的研究和论证工作，装备设计和保障系统的设计要同步进行，并相互协调。在装备定型试验前，保障资源的研制工作也应完成，以便保证装备和保障资源同时配套进行试验与考核。在装备交付部队试用时，应同时对装备与保障系统进行考核评估。在装备部署使用时，与之相适应的保障系统也应形成，这样才能有效地保证装备尽快形成保障能力和战斗力。图 2-1 为装备综合保障工程与序贯式工程的对比图。

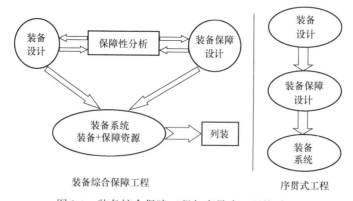

图 2-1　装备综合保障工程与序贯式工程的对比

2）时刻考虑降低装备系统的寿命周期费用

寿命周期费用是指装备系统在预计的寿命周期内，为其论证、研制、生产、使用和退役处理所支付的一切费用之和。寿命周期费用的基本构成是购置费和维持费，维持费又包括使用费和维修费。随着装备现代化程度的日益提高，装备的购置费用也日益昂贵。而为保证装备正常使用所需要的保障费用，更是以惊人的速度增长，这使得装备的费用需求与所能提供的有限军费间的矛盾十分突出。以往，人们更多把关注的目光聚焦在一次性支付的购置费上，而忽视了装备使用过程中陆续支出的使用与维修保障费用。一些统计资料表明，装备的寿命周期费用中，使用与维修保障费用通常占到 60% 左右，有的甚至高达 70% ~80%。这意味着降低寿命周期费用的关键在于控制装备的保障费用。因此，在开展装备综合保障工程的过程中，要不断地在装备作战性能、保障性、进度和寿命周期费用之间进行分析与权衡，在论证和研制阶段就找出影响保障费用的主导因素并加以研究和解决，在保证使用要求和充分利用现有保障资源的前提下，有效地控制保障费用的增长，保证以最低的寿命周期费用实现装备的最佳效能。图 2-2 显示了三种坦克寿命周期费用中各主要构成项的比例关系，表 2-1 列出了三种坦克购置费和每千米维修费之间的相对比例关系。从中不难看出，XM-1 坦克的购置费最高，但是其使用与维修保障费用却相对较低，尤其是每千米维修费要大大低于 T54 坦克和 M60A3 坦克。必须指出的是，XM-1 坦克是世界上最早实施装备综合保障工程的坦克，这充分说明开展装备综合保障工程能降低装备系统的寿命周期费用。

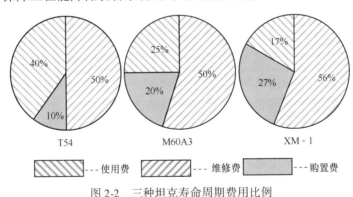

图 2-2　三种坦克寿命周期费用比例

表 2-1　三种坦克费用比较

坦克 费用	T54	M60A3	XM-1
购置费	1	3.9	5.02
维修费/千米	1	0.97	0.66

　　此外，一些研究成果还表明，在装备研制早期做出的各种决策，对装备设计和寿命周期费用的影响很大。美军曾得到如图 2-3 所示的研究成果：装备的寿命周期费用，主要取决于论证、方案和研制阶段，在生产和使用阶段，已很难对装备寿命周期费用的改变产生重大影响。从图 2-3 可以看出，到论证阶段结束时，大体上已经决定了寿命周期费用的 70%；到方案阶段结束时，已决定了寿命周期费用的 85%；到研制阶段末期，已决定了全部费用的 95%；到装备交付部队使用时，对寿命周期费用的影响就十分有限了。这就是说，如果在论证和研制阶段不考虑装备保障问题，到装备研制完成后，就难以对装备系统的寿命周期费用施加影响，使用阶段高昂的保障费用也难以降低。同时，从图 2-3 中，我们还应注意到，在研制阶段结束时，实际累积消耗的费用只占寿命周期费用的 20% 左右。这既说明在装备研制早期开展装备综合保障工程能大幅降低寿命周期费用，也从另一个侧面说明了在装备研制过程中同步规划保障问题的重要意义。

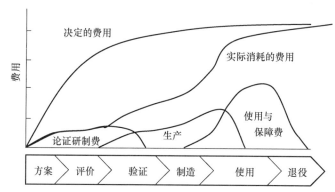

图 2-3　装备不同寿命周期阶段决定的费用与实际消耗的费用比较示意图

　　3）采用系统工程原理和系统分析方法

　　保障性是装备系统的特性，装备综合保障工程作为落实装备系统保障性的工程活动，必然是装备系统工程过程的组成部分。系统工程是处理系统问题的工程，它既是一个技术过程，又是一个管理过程。装备综合保障工程是一门多专业的综合性学科，它既要解决与保障有关的设计问题，又要解决保障资源的规划、获取和保障系统的建立问题，还要求做到保障系统、保障资源和武器装备间的最佳匹配。因此在装备研制过程的各个阶段，都应采用系统分析的方法对装备与保障系统及其各组成要素间不断地进行分析和综合协调，只有这样才能以最低的费用提供对装备的保障。在装备综合保障工程的管理与技术活动中，无处不体现着系统工程的思想和原理，而保障性分析则是各种系统分析方法的综合运用。

　　4）以装备系统的战备完好性为最终评价目标

　　通过装备综合保障工程后，装备是否便于保障、所规划的保障资源与建立的保障系统是否经济有效，需要在寿命周期过程中不断地加以评价，而最终要以装备投入使用后是否能形成保障能力来评价。而战备完好性是评价装备保障能力的量化指标，因此，装备综合保障工程开展效果的好坏，最终要以装备系统战备完好性水平的高低来评价。

2.1.5　装备综合保障工程与装备技术保障

中国军事百科全书中对"装备技术保障"的定义是："为使军事装备性能完好所采取的技术措施，简称技术保障。主要包括装备的维护、修理、改装、检查等。……全面、及时地实施装备技术保障，对保持、恢复和改善装备性能、巩固和提高部队战斗力具有重要作用。"1997 年版中国人民解放军《军语》中给出的定义是："为保持和恢复武器装备良好技术状态而采取的技术措施与进行的相应活动的总称。"可见，装备技术保障是为了保证现役装备处于战备完好状态，并能持续完成作战与训练任务所进行的使用与维修技术和管理活动。而装备综合保障工程则是在新装备研制时同步综合考虑保障问题使保障影响设计，并同步规划保障资源保证在装备交付部队的同时提供配套的保障资源。二者之间的本质区别在于：①装备综合保障工程贯穿于寿命周期全过程，而装备技术保障仅是装备使用阶段的工作；②装备综合保障工程强调从装备研制开始就考虑装备的保障问题，并在研制中同步赋予装备系统"便于保障（好保障）"和"得到保障（能保障好）"的能力，为装备形成保障能力奠定良好的"先天条件"。而装备技术保障则侧重于通过一系列使用与维修措施及其管理活动，保持和恢复现役装备的完好状态，为装备提供有力的保障，属于"后天养育"的工作。

装备综合保障工程和装备技术保障有着共同的目标，就是提高装备的战备完好性水平和保障能力。开展装备综合保障工程是有效实施装备技术保障的基础和前提，只有装备本身设计得便于保障，在使用中能获得所需的保障资源，并建立起协调匹配的保障系统，才有可能经济有效地实施装备技术保障。在新装备研制过程中开展综合保障工程所制定的保障方案，以及进而形成的使用与维修制度，是对该装备在使用阶段实施技术保障工作的基本依据。通过开展装备综合保障所规划并提供的保障资源，是实施装备技术保障的物质基础。另外，在实施装备技术保障工作的过程中，产生的大量有关装备使用和维修的信息，可为新研装备开展综合保障工作提供可借鉴的经验和数据。

2.1.6　装备综合保障工程的组成要素

装备综合保障工程要解决的问题涉及很多方面，既有与保障有关的装备设计问题，又有大量类型各不相同的保障资源的规划与研制问题，并且要把这些方面的问题相互协调起来。装备综合保障工程是一个由很多专业组成的综合性学科，这里所说的专业，是指承制方或订购方内部为开展综合保障工作，对各种不同工作门类的专业分工，通常将这些专业分工称为装备综合保障工程要素。装备综合保障工程的组成要素通常包括以下 10 类。

1）规划保障

规划保障作为装备综合保障工程的组成要素之一，是指在装备寿命周期中从确定保障方案到制定装备保障计划的工作过程。保障方案是保障系统完整的总体描述，它应满足装备的保障要求并与设计方案及使用方案相协调，一般包括使用保障方案和维修保障方案。简单地说，保障方案就是装备保障的预案，它是对装备保障工作总体上的概要性说明，是落实装备保障性要求和实现保障性目标的总体规划。它实质上描述了装备在什么时机、什么级别、对何种产品、进行什么样的保障工作。可以看出，保障方案规划了对保障对象应进行什么样的保障工作，并不涉及具体的保障资源，但是它最终又是通过保障资源来实现的，它是确定保障资源需求的重要输入条件。保障计划是装备保障工作的详细说明，一般包括使用保障计划和维修保障计划。保障计划是对实现保障方案所规划的各类保障工作的主要要求、内容、所需资源以及操作程序等的详细说明。规划保障包括规划使用保障、规划维修保障和规划保障资源。规划保障是装备综合保障工程的重要工作内容之一。

2）人力与人员

人力与人员作为装备综合保障工程的组成要素之一，是研究、确定平时和战时使用与维修装备所需人员的数量、专业与技术等级要求，以及这些人员的考核与录用的各项工作。人员是使用与维修装备的主体，是战斗力的重要组成部分。使用与维修人员具有的技能应与装备的特点和装备使用与维修工作的技术复杂程度相适应，因此，人力与人员在装备研制过程中必须加以规划考虑。

3）供应保障

供应保障作为装备综合保障工程的组成要素之一，是确定装备使用与维修所需消耗品和备件的品种与数量，并研究它们的筹措、分配、供应、储存、运输、调拨以及装备停产后的备件供应等问题的各项工作。供应保障是装备综合保障工程中影响费用和效能的重要专业工作。

4）保障设备

保障设备作为装备综合保障工程的组成要素之一，是指规划装备使用与维修所需各种设备而进行的工作。在装备研制过程中，不仅要考虑保障设备的品种、规格与数量，研究它们的技术性能和平战结合及部队条件下使用的可能性，还要考虑这些保障设备本身的使用和维修保障问题。这是保障资源规划中占用工作量最大的一项专业工作。

5）技术资料

技术资料作为装备综合保障工程的组成要素之一，是指编制和提供使用与维修所需要的技术资料而进行的专业工作。技术资料是以手册、规范、指南、说明书和工程图样等形式记载的技术信息，这些技术信息可以是纸质的，也可以是电子的。目前技术资料正在向交互式电子技术手册的方向发展。

6）训练和训练保障

训练和训练保障作为装备综合保障工程的组成要素之一，是为训练装备使用与维修人员制定所需的训练计划、课程设置、训练方法和提供教材与训练设备以及筹划教员与选调学员等工作。

7）计算机资源保障

计算机资源保障作为装备综合保障工程的组成要素之一，是指为使用与维修装备上的嵌入式计算机系统，规划与提供所需的硬件、软件、检测仪器、保障工具、文档等而进行的工作。随着装备的日益复杂，装备中所使用的计算机的数量也越来越多，计算机资源保障问题越来越突出，已成为装备综合保障工程中的重要问题。

8）保障设施

保障设施作为装备综合保障工程的组成要素之一，是指规划装备使用、维修、训练和储存所需的永久和半永久性的构筑物及其上的有关设备的各种工作。主要包括设施的选址、制定环境要求、确定构筑物要求、设施建设的进度与费用安排、确定设施的管理与使用要求，以及设施的更新和改造等。

9）包装、装卸、储存和运输

包装、装卸、储存和运输作为装备综合保障工程的组成要素之一，是为保证装备得到完善的封存、包装、装卸、搬运和运输所需的资源、程序、设计考虑与方法等所进行的工作，包括对环境要求、储存期限、特殊封存与包装要求、专用装卸和储存设施与设备，以及有关运输方面的要求等问题的研究，分析评价这些问题对装备设计的影响，保证装备能安全地到达部队或在规定的储存期限内是可用的。

10）设计接口

设计接口作为装备综合保障工程的组成要素之一，是研究和处理装备综合保障工程内部各专业之间以及装备综合保障工程与其他专业工程之间的相互关系和管理问题的一系列工作。装备综合保障工程中主要的设计接口是指装备设计与保障系统设计之间的接口，主要是研究并说明有关保障性的设计参数与保障资源要求以及战备完好性目标之间的相互关系。

上述装备综合保障工程要素中，规划保障和设计接口两个要素，几乎与其他所有要素都有关系，属于管理类要素。其他 8 个要素分别对应于 8 大类保障资源的规划工作，因此称为资源类要素。需要指出的是，装备综合保障工程的组成要素并不只限于上面所列的内容，根据装备特点和实际需要，上述要素可以增减，也可以合并或重新划分。

2.1.7 装备综合保障工程的评价因素

开展装备综合保障工程要达到两个目的:一是使研制出的装备便于保障、好保障;二是同步提供充足适用的保障资源,建立保障系统,使装备在使用阶段得到及时、有效、经济的保障,把装备保障好。同时,装备综合保障工程是为落实装备系统的保障性要求而开展的工作。因此,评价装备综合保障工程开展的效果好坏,主要应看规定的保障性要求和上述目的的实现情况。装备综合保障工程的评价因素主要有以下 4 种。

1)是否达到规定的保障性要求

在装备立项论证的过程中,都提出了保障性定性、定量要求,并规定了相应的评价验证方法和时机。在规定的时机,按规定的方法对所提出的保障性要求进行评价,如果达到了规定的保障性要求,则说明对该装备所开展的综合保障工作达到了预期的效果。

2)保障工作的多寡与难易

通过开展装备综合保障工程要研制出好保障的装备,装备便于保障、好保障,最直观的表现就是装备的保障工作项目少,保障工作量少,保障工作简便易行。

3)能否对装备提供及时有效的保障

通过开展装备综合保障工程所规划的保障资源是否充足适用,所建立的保障系统是否与装备相匹配,宏观上表现为能否对装备提供及时有效的保障。

4)以最低的费用达成同样的保障效果

为了把装备保障好,可能有多种保障方案和多种保障资源配置方案可供选择,装备综合保障工作开展得好,就可以以最低的费用实现同样的保障目标。

2.2 装备保障性分析

在装备研制过程中,装备综合保障工程的根本目标是将与保障相关的考虑纳入装备设计中去,从而影响装备的设计,实现装备保障特性的提升。而装备保障性分析是装备综合保障工程在装备研制阶段实现其根本目标的核心手段,也是装备综合保障工程的重要的分析程序与方法,它是实现装备保障性目标的基础,是使装备便于保障和使装备交付部队时能及时建立保障系统、提供经济有效保障的重要保证。

2.2.1 装备保障性分析概述

1. 装备保障性分析的基本概念

为了使装备设计得便于保障,并在部署后及时形成保障能力,必须在装备的研制过程中同步协调地考虑保障问题。它要求必须提出明确协调的保障性要求，以指导装备研制过程中综合保障工作的开展；要求尽早进行保障的规划工作，保证装备在使用过程中的保障工作尽可能少而且简单；要求保障资源与主装备必须协调匹配，品种与数量较少，尽可能通用并可为多种装备类型提供保障；要求在装备的使用过程中以最低的保障费用保证装备的完好。

上述目标都是通过在装备研制过程中同步开展保障性分析实现的。可见，保障性分析是装备系统工程过程的重要组成部分，是实现装备综合保障工作目标的重要分析性工具。它通过在装备研制与生产的过程中应用某些科学与工程的成果，通过反复的论证、综合、权衡、试验与评价过程，以有助于：

（1）确定与设计及彼此之间有最佳关系的保障性要求；

（2）在装备研制过程中考虑保障问题，并影响装备设计工作；

（3）研制或采购保障资源并及时建立保障系统；

（4）在使用阶段，以最低的费用提供所需的保障。

从以上对保障性分析的描述，可以归纳出保障性分析的四大任务：

（1）制定保障性要求；

（2）制定和优化保障方案；

（3）确定保障资源要求；

（4）进行保障性评估。

保障性分析是确保保障性要求在装备的设计过程中得以考虑的各种技术与方法的综合和运用。保障性分析的主要特点如下。

1）保障性分析是通过规划保障来影响装备设计的重要方法

保障性分析的一个重要目标是要确定出优化的保障方案和保障资源需求，它是通过影响装备设计的方式来实现的。它要求在装备研制早期就综合考虑保障问题，并在装备设计过程中通过保障性分析来影响装备的设计，并同步设计保障系统。

2）保障性分析是一个反复迭代的分析过程

保障性分析是贯穿于装备寿命周期各个阶段的一个反复迭代的分析过程。随着装备研制的进展和逐步深入与详尽，保障性分析按照装备结构分解层次，从保障方案到保障资源逐渐深入；随着分析所需输入信息逐渐精确与细化，分析的详细程度也由粗到细并与各阶段的分析要求相适应。通过迭代分析不断地修正分析结果，优化装备和保障系统的设计与研制，从而达到费用、进度、性能与保障性的最佳平衡。

3）保障性分析需要大量分析技术的支持

保障性分析的主要任务是确定与优化保障方案和保障资源需求，为了实现该目标，需要大量的分析技术，如功能分析是确定装备使用保障方案的分析技术；故障模式、影响及危害性分析、以可靠性为中心的维修分析和修理级别分析是确定维修保障方案的分析技术；使用与维修工作分析是建立保障方案与保障资源间有机联系的分析技术；费用分析可以作为保障方案优化与权衡分析的分析技术；可靠性与维修性等方面的理论与技术在保障性分析过程中主要用于确定与优化保障资源的品种与数量。

2. 寿命周期各阶段的保障性分析工作

保障性分析是一系列反复迭代有序进行的分析工作，按照保障性分析的定义与任务，在装备寿命周期的各个阶段都应有重点地进行保障性分析工作，以保证装备综合保障目标的实现。

1）战术技术指标论证阶段的保障性分析工作

在战术技术指标论证阶段，主要是确定出科学合理、协调匹配的保障性要求。该要求既要考虑军事与作战需求对装备保障的要求，又要考虑实现规定保障性要求的技术途径与可行性。

保障性要求是确定保障方案和保障资源的重要输入，是影响装备设计和进行保障性评估的重要依据。保障性要求分为定量要求与定性要求，由于保障工作的复杂性，有很多保障性要求是通过定性要求来表述的。

2）方案阶段的保障性分析工作

在方案阶段，保障性分析全面展开。

（1）应进一步进行保障性要求的论证工作，但此时的论证工作主要是从保障性要求实现的技术可行性方面进行论证，以保证保障性要求的落实。

（2）在该阶段，主要进行保障方案的确定与优化工作。越是在早期进行该项工作，越能对装备的设计施加影响，越能保证装备具有便于保障的性能与特点。

在此阶段，还应进行保障资源需求的分析工作。进行该项分析工作的目的是通过初步分析各保障方案的保障资源需求，来选择最佳的保障方案；通过分析各装备设计方案和保障方案对新的或关键的保障资源的需求，评估对装备寿命周期费用和战备完好性的影响等。

3）工程研制阶段的保障性分析工作

在工程研制阶段，保障性分析工作包括保障方案的确定与优化、保障资源需求确定、保障性评估等内容，但分析的重点是保障资源需求的确定。

由于在该阶段，已产生了实物的样车（机），设计工作已进入到较低的约定层次，保障方案的确定与优化工作也已进入到非常具体的层次，保障方案更加明确，为保障资源需求确定提供了明确的输入。

为了保证保障资源与主装备同步部署，该阶段必须重点进行保障资源需求的确定工作，不仅要规划出备件、保障设备等保障资源需求，而且要对保障设施等建设周期长的保障资源提出建设要求。

4）部署使用阶段的保障性分析工作

在部署使用阶段的保障性分析工作主要是保障性评估。为了真实反映装备的保障性水平，必须在装备部署后，在实际的使用环境下，进行保障性的评估工作。

2.2.2　装备保障性分析的主要内容

保障性分析包括保障性要求确定、保障方案的确定与优化、保障资源需求确定和保障性试验与评价等内容。

1. 确定保障性要求

保障性分析的首要任务是在装备的研制早期，及时、合理地制定出一套相互协调的保障性要求，它是进行与保障性有关的设计、验证与评价等一系列综合保障工作的前提条件，是保障性分析的主要任务之一。

保障性要求是对有关装备保障性和保障问题要求的总称，它包括保障性的综合要求、有关保障性的设计要求、主要保障资源方面的要求以及改进装备所需的保障性要求，保障性要求可以是定量的也可以是定性的。为了保证保障性要求在装备研制过程中能够较容易地得到实现，为了体现不同装备类型、不同部署情况、不同使用环境等对保障的要求不同，制定保障性要求时应综合考虑四个方面的因素。

（1）要进行"使用研究"工作。在提出保障性要求时，要进行现场调研，了解装备如何部署、如何机动、装备部署的数量、各维修级别的维修能力与维修时间限制、装备的使用方案等，通过该项分析，不仅描述了装备未来的使用与部署情况，也勾画出装备可能面临的保障工作与任务。通过此项系统性分析工作，不仅为装备的保障性分析工作提供了明确的依据，也直接为提出针对性强的、直接面对新研装备的保障性要求提供了具体的依据。

（2）要进行"装备软件、硬件和保障系统的标准化"工作。在提出保障性要求时，必须要考虑装备系统的标准化问题。装备的标准化直接影响到保障资源配置的品种与数量，保障系统的标准化直接影响到新研装备保障资源与部队其他装备保障资源的协调，直接影响到基于型号的保障向基于能力保障的转变。因此在提出保障性要求的时候，必须将标准化考虑作为保障性要求的重要内容。

（3）要进行"比较分析"工作。在提出保障性要求时，必须针对新研装备建立比较系统或基准比较系统，进行比较分析。它的目的有三个方面：①从可行性的角度提出保障性要求，我们在确定保障性要求时，大多数情况是基于该种理念；②要结合比较系统或基准比较系统分析制约新研装备战备完好性、寿命周期费用的主导因素，如果该主导因素在装备研制过程中没有得到有效控制，那么将直接影响到装备的战备完好性和寿命周期费用；③要明确与新研装备在结构、功能、保障方面相似的现役装备的设计缺陷，设计缺陷的改进将大幅提高新研装备的保障性水平。

（4）要进行"改进保障性的技术途径"工作。在提出保障性要求时，要考虑到指标的先进性要求，同时也要考虑到是否有行之有效的方法来保证先进性指标的落实。大型武器装备的研制周期是比较长的，一般为 12～15 年，有些武器装备的研制周期达到了 20 年以上，而科学技术的进步是日新月异的，在早期提出保障性要求时，要考虑到 10 年或 20 年以后的武器装备仍然具有先进性，在长时间的装备研制过程中科学技术的进步可以保证大幅度地提高装备的保障性指标要求，同时，也要分析与考虑是否具备成熟的保证先进性指标要求得以落实的手段和方法。

在综合考虑以上四个方面因素的前提下，科学合理地确定出协调匹配的保障性定性与定量要求。由于装备不同，或者相同的装备可能执行的任务不同、部署的情况不同等，提出的保障性要求有所不同，但通过上述四个方面因素的考虑，可以有针对性地提出操作性强的、与部队保障有着密切关联、能够满足部队训练与作战需求的保障性要求，这样提出的保障性要求很明确、很具体，因此也便于在装备的研制过程中加以落实。

2. 保障方案的确定与优化

制定出一套相互协调的保障性指标要求，是保障性分析的首要任务。在将这些要求纳入装备系统的设计时，保障性分析担负的另一个重要任务是如何按照所制定的保障性要求优化装备的保障方案和影响装备的设计，使装备系统的研制能在费用、进度、性能与保障性之间达到最佳的平衡。这项工作具有极大的反复性并贯穿于方案阶段和整个工程研制阶段。

为了做好部队的装备保障工作，需要规划出科学合理的保障方案。在开展装备综合保障工程之前，保障方案的确定主要是在装备部署部队后进行的，它要求规划出装备大、中、小修的时机、级别、工作方法与工作内容；要求规划出装备出现故障后的处置方式；要求规划出装备在正确动用过程中的保障工作。按照装备综合保障的观点，上述工作应该在装备的研制过程中进行，它不仅解决了确定保障方案与主装备研制的同步问题，更重要的是部队需要简单的、较少的保障工作的保障方案，从而使部队可以配置较少品种与数量的保障资源，就可以保证装备处于规定的战备完好水平，上述工作只有通过在装备研制过程中影响装备设计的方式才能得以落实。

保障方案的确定与优化工作是落实保障性要求的最佳手段，在研制过程中通过影响设计的方式来优化装备的保障方案是提高保障性设计性能和提高装备保障性水平的最佳时机。保障方案、保障计划和保障系统在装备研制过程中的关系如图 2-4 所示。

确定保障方案的首要工作是进行功能分析。部队面临的保障工作主要包括了三个方面的内容：①装备的故障维修保障工作；②装备的预防性维修保障工作；③装备的使用保障工作。维修保障工作主要是针对装备或产品的故障模式，使用保障工作主要是针对装备的使用功能，因此，无论是哪种保障工作，都需要进行功能分析，才能正确地分析故障模式，才能正确地分析装备的使用功能，从而才能进行维修保障与使用保障方案的分析与确定工作。

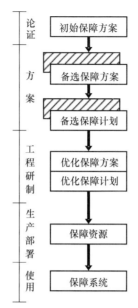

图 2-4　保障方案、保障计划和保障系统的关系

　　为了得出装备的各种保障方案，在进行了功能分析的基础上，通过进行故障模式影响及危害性分析和以可靠性为中心的维修分析等工作，可确定出维修保障方案；通过进行装备的使用功能分析，可确定出装备的使用保障方案。

　　在确定装备保障方案的过程中，必须集思广益提出多种能满足军方要求的保障方案，无论是在维修级别的划分、各维修级别承担的保障工作、保障资源的配置约束等方面都应多加考虑。

　　权衡分析是优化保障方案的重要方式，它要求对备选的保障方案进行优化权衡和选择，它要在两个方面起到作用：①通过备选保障方案的选择，从保障的角度推荐较好的装备设计方案；②对于一种设计方案，选择较好的保障方案。

　　对于保障方案的权衡分析，应在三个层面进行评价：①从装备的战备完好性和寿命周期费用角度，比较保障方案的优劣，要以定量化的模型，以定量化的方式进行；②通过对比分析的方式，与现役装备的保障方案进行比较，与保障性要求落实情况进行比较；③以定性的方式，通过各个保障要素在各保障方案中的优劣进行比较分析。如能源权衡分析，承制部门为了较好地满足保障性要求，尽量选用最新研制的油料，保证装备的润滑和耐磨，如果这些油料不在部队的供应目录中，并且与部队现役装备所供应的油料不一致，必将使得部队在油料保障方面出现较大的困难，也将影响着部队正常的使用与训练。

　　权衡分析工作在大多数情况下并不复杂，它有时是一种观念或理念问题，确定的设计方案或制定的保障方案是不是考虑到部队的实际情况，是不是便于

27

部队的保障，多在这些方面加以考虑，就可以较容易地确定出优化的保障方案，并会影响到装备的设计。

保障方案的制定与优化是一个动态分析过程，在论证阶段，用户应提出初始保障方案，作为确定保障方案的依据和约束；在方案阶段可根据装备不同设计方案或其他因素制定出装备的备选保障方案，并制定各备选方案的备选保障计划；在工程研制阶段，通过对备选保障计划综合权衡分析，得出优化的保障方案，根据优化的保障计划确定出保障资源需求。

3. 确定保障资源需求

保障资源是对装备实施有效保障的物质基础，确定保障资源需求也是保障性分析的一个主要任务。

保障资源涉及备件、保障设备、保障设施、技术资料、训练装置、计算机资源、搬运与装卸设备以及人员与人力及其训练等，由于保障资源的范围宽、种类多而且各有特点，所以确定保障资源要求的主要根据是使用与维修工作分析。

目前，在确定保障资源需求的过程中，主要是凭经验和相似系统的基本情况，并没有真正建立起保障方案与保障资源的有机联系，因此，并不能真正科学地解决保障资源满足保障需要的问题。

保障方案规划出在何时、何地、进行何种保障工作，这些保障工作是部队在装备使用过程中，必须要开展的保障工作，这些保障工作需要保障资源的支持才能完成。所确定的保障资源需求一定要满足部队保障工作的需要，为了做到这一点，必须要做好以下几项分析工作：①要建立起保障方案与保障资源的有机联系；②要考虑新装备部署的保障资源对已列装部队的现有保障系统的冲击和影响；③要考虑新研装备保障资源可能面临的过时、停产等的影响；④要根据装备部署数量及使用任务等情况，确定出保障资源的具体需求。

"使用与维修工作分析"，就是要求对保障方案中确定的保障工作，按照工作时序分析一次使用与维修工作所需的保障资源需求，这里特别强调是对一次使用与维修工作所需的保障资源需求加以确定，它是确定部队建制内保障资源的品种与数量的基础。该分析工作虽然无法确定一定任务期内的保障资源需求，但它建立起了保障方案与保障资源的联系，或可以称为纽带与桥梁，它是确定部队建制内保障资源配置的重要输入。

在该项工作的分析过程中，要特别关注确定的保障方案中的各项保障工作可能带来的关键的、新的保障资源需求，这些新的、关键的保障资源需求是部队保障工作的风险源，很可能对装备的战备完好性和寿命周期费用产生较大影响，有时需要通过更改设计的方式加以更改或修正。

"早期现场分析"是确定保障资源需求时应重点进行的工作，它要求考虑新研装备所需的保障资源需求对所部署的部队产生的影响。如果新研装备的保障配套是基于型号的，一种新研装备配套建设一套保障资源，这种方式将对部队的保障工作造成重要影响。为了实现由基于型号的保障向基于能力的保障的转变，早期现场分析是有效途径。尽量用一套保障资源保障所有的作战装备，尽量优先选用现役装备的保障资源来保障新研的装备，要将新研保障资源对现役装备保障系统的冲击或影响降低到最低程度或可接受的程度。

在确定保障资源需求的过程中，也要进行"停产后保障分析"工作。不仅要在装备的研制过程中同步考虑装备的保障问题，而且要将保障问题考虑得更前瞻、更周密。由于技术的进步，产品更新换代的周期大为缩短；由于市场的竞争等因素，企业停产、转产、破产的情况时有发生。如何在装备设计过程中考虑替代产品的兼容性，如何规划装备的后续保障问题，都是需要考虑的重要因素。

在保障性要求约束下，在保障方案作为重要输入的前提下，考虑以上因素，可确定出保障资源的品种与数量，为建立保障系统奠定基础。

4. 保障性试验与评价

保障性试验与评价工作是掌握装备设计缺陷、验证装备设计与保障系统建设是否达到保障性要求的重要手段。但由于保障性要求比较复杂，定量或定性要求与装备的类型有着密切关系，就是对于同一种装备，由于使用、部署等因素的不同，保障性要求也存在着较大的差别。因此，提供规范化的保障性试验与评价方法是比较困难的，但有些共性的内容必须加以注意。

进行"保障性评估"要注意以下三个问题：①保障性试验与评价是一种综合性的试验与评价，因此，它的试验与评价工作要纳入装备的试验与评价工作中。②在保障性评估时，要进行保障性的研制试验与评价和使用试验与评价，通过保障性的研制试验与评价，验证提出的保障性要求的达到程度，这些工作主要是由承制部门在装备的研制过程中进行。而保障性的使用试验与评价是由代表军方的独立机构，在体现部队现有水平的真实环境下进行，验证新研装备及所需要的保障资源满足部队正常作战、训练要求的程度，由于军方提出的保障性要求与部队的实际训练、战备或战术没有一一对应关系，该试验与评价就更为重要，该项试验与评价主要在研制阶段和使用阶段两个阶段进行。③要将保障性试验与评价的重点工作落实在保障要素或保障资源的试验与评价工作中，在部队形成中、小修能力前，以验证保障系统的保障包的方式进行。

2.2.3　装备保障性分析技术

保障性分析工作需要许多保障性分析技术与方法来支撑，以下介绍的分析技术是保障性分析过程中最常用的分析技术。

1. 故障模式、影响及危害性分析（FMECA）

在装备的研制过程中规划维修保障工作，必须要掌握装备可能出现的故障是什么，如果要在装备的研制过程中进行该项工作，必须要进行故障模式、影响及危害性分析，以明确装备可能出现的问题。

1）故障模式、影响及危害性分析的基本概念

故障模式影响分析（FMEA），就是在产品设计过程中，通过对产品各组成单元潜在的各种故障模式及其对产品功能的影响进行分析，并把每一个潜在故障模式按它的严酷程度予以分类，提出可以采取的预防改进措施，以提高产品可靠性的一种设计分析方法。

故障模式、影响及危害性分析是在 FMEA 的基础上再增加一层任务，即判断这种故障模式影响的致命程度有多大，使分析量化，因此，FMECA 可以看作 FMEA 的一种扩展与深化。

以往，人们是依靠自己的经验和知识来判断零部件故障对系统所产生的影响，这种判断依赖于人们的文化程度和工作经验。为了摆脱对人为因素的过分依赖，需要找到一种系统的、全面的、标准化的分析方法来做出正确的判断，力图将导致严重后果的故障模式消灭在设计阶段。而以前，一般只有等到产品使用后，收集到故障信息，才进行设计改进。这样做，反馈周期过长，不仅在经济上造成损失，而且还可能造成更为严重的人身伤亡。因此，人们力求在设计阶段就进行故障模式影响及危害性分析，一旦发现某种设计方案有可能造成不能允许的后果，便立即进行研究，做出相应的设计更改，这就逐步形成了FMECA 技术。

2）FMECA 在综合保障中的应用

FMECA 是可靠性领域的一项重要分析技术，由上述可知，在可靠性领域，通过该项分析可区分轻重缓急，根据可利用资源情况，尽可能地将致命的、重要的故障模式消除在装备的研制阶段，或将该类故障模式发生的概率降低到人们可接受的程度。

FMECA 也广泛地应用于装备综合保障工程领域，只要产品存在故障模式，就需要维修保障工作。在规划装备的维修保障时，FMECA 主要用于：

（1）确定修复性维修工作任务；

（2）确定预防性维修工作任务；

（3）为确定保障资源要求提供输入信息。

2. 故障树分析（FTA）

故障树分析是 20 世纪 60 年代发展起来的用于大型装备系统可靠性、安全性分析和风险评估的一种工程方法，它在装备系统设计过程中，通过对可能造成系统故障的各种因素进行分析，画出逻辑框图（即故障树），从而确定引发系统故障原因的各种可能组合方式及其发生概率，采取应对措施，以提高系统保障性水平。

故障树建造是在熟悉系统设计意图、结构、功能、边界和环境情况的基础

上，分析不希望发生的显著影响性能、经济性和安全性的故障事件，根据分析的目的和故障判据，确定本次分析的顶事件采用演绎法进行故障树的建造。

3. 以可靠性为中心的维修分析（RCMA）

以可靠性为中心的维修分析，是按照以最少的维修资源消耗保持装备固有可靠性和安全性的原则，应用逻辑决断的方法确定装备预防性维修要求的过程。装备的预防性维修要求一般包括需进行预防性维修的产品、预防性维修工作的类型及其简要说明、预防性维修工作的间隔期和维修级别的建议。

由此可见，以可靠性为中心的维修分析是确定预防性维修保障方案的重要方法，它以 FMECA 的结果为依据，通过确定修什么、怎样修、何时修、何处修四个问题，确定出装备的预防维修保障方案。它的特点是以最少的代价或资源消耗，保证装备的安全可靠。

1）需进行预防性维修的产品的确定

为了保证较少的预防性维修工作量，主要只针对重要功能产品开展预防性维修工作，对于非重要功能产品一般不进行预防性维修工作，而是进行事后维修。

重要功能产品是指其故障会有安全性、任务性或经济性后果的产品。对它们需要做详细的分析，以确定适当的预防性维修工作要求。

安全性影响指的是功能故障或由该故障所引起的二次损伤对装备的使用安全有直接不利的影响，即会直接导致人员伤亡或装备的严重损坏。对有安全性影响的功能故障，必须做预防性维修工作以避免其发生。如无适用而有效的预防性维修工作来保证装备的安全可靠，则必须更改装备设计。

任务性影响指的是功能故障直接产生妨碍装备完成任务的故障后果。每当出现此类故障就需要停止执行计划的任务。任务性影响包括：在故障发生之后需要中断任务的执行，为了进行事先未料到的修理而延误或取消其他的任务，或是在进行修理之前需要做任务上的限制。

经济性影响是指故障不妨碍使用安全和任务完成，而只会造成较大的经济损失。

须按产品故障的原因以及各类预防性维修工作的适用性和有效性准则，来确定有无适用而又有效的预防性维修工作可做。如无有效的工作可做，则对有安全性故障后果的产品必须更改设计；对有任务性故障后果的产品，一般也要更改设计。

2）进行故障模式影响分析

对每个重要功能产品进行 FMEA，确定其所有的功能故障、故障模式和故障原因，以便为确定维修工作类型提供所需的输入信息。装备在可靠性设计中已进行了故障模式和影响分析的，则可直接引用其分析的结果。

3）预防性维修工作类型的确定

预防性维修工作类型是指利用一种或一系列的维修作业，发现或排除某一隐蔽或潜在故障，防止潜在故障发展成功能故障。

通常所采用的预防性维修工作类型有7种：保养、操作人员监控、使用检查、功能检测、定时拆修、定时报废，以及它们的综合工作。这些工作类型对明显功能故障来说，是预防该故障本身发生；对隐蔽功能故障来说，并不只是预防该故障本身的发生，而更重要的是预防该故障与别的故障结合形成多重故障，以防止产生严重的后果。

（1）保养：为保持产品固有设计性能而进行的表面清洗、擦拭、通风、添加油液或润滑剂、充气等作业，但不包括功能检测和使用检查等工作。

（2）操作人员监控：操作人员在正常使用装备时对其状态进行的监控，其目的在于发现产品的潜在故障。包括：对装备仪表的监控；通过感觉辨认异常现象或潜在故障，如通过感知气味、噪声、振动、温度、视觉、操作力的改变等及时发现异常现象及潜在故障。

（3）使用检查：按计划进行的定性检查（或观察），以确定产品能否执行规定功能，其目的在于发现隐蔽功能故障。

（4）功能检测：按计划进行的定量检查，以确定产品功能参数是否在规定限度内，其目的在于发现潜在故障。

（5）定时拆修：产品使用到规定的时间予以拆修，使其恢复到规定的状态。

（6）定时报废：产品使用到规定的时间予以废弃。

（7）综合工作：实施上述两种或多种类型的预防性维修工作。

上述预防性维修工作类型的排列，实际上是按其消耗资源、费用和实施难度、工作量大小、所需技术水平高低排序的。在保证可靠性、安全性的前提下，从节省费用的目的出发，预防性维修工作的类型应按顺序选择。

4）预防维修间隔期的确定

预防维修间隔期的确定比较复杂，涉及多个方面的工作，一般先由各种维修工作类型做起，经过综合研究并结合修理级别分析进行。因此，首先应确定各类维修工作类型的间隔期，然后归并成产品或部件的维修工作间隔期，再与维修级别分析相协调，必要时还要影响装备设计。

维修工作间隔期的确定，一般根据类似产品以往的经验和承制方对新产品维修间隔期的建议，结合有经验的工程人员的判断确定。在能获得适当数据的情况下，可以通过分析和计算确定。

5）预防性维修工作的维修级别

经过RCMA确定各重要功能产品的预防性维修工作的类型及其间隔期后，还要提出该项维修工作在哪一维修级别进行的建议。维修级别的划分应与维修方案一致。

军队的维修级别一般分为基层级、中继级和基地级三级。维修级别的选择取决于作战和使用要求、技术条件和维修的经济性，并与部队编制体制有关。除特殊需要外，一般应将预防性维修工作确定在耗费最低的维修级别。合理确定维修级别需要大量信息，RCMA 中不做详尽的分析，只对各项具体维修工作提出建议的维修级别。

4. 修理级别分析（LORA）

当装备中的产品出现故障时，我们必须要做出决策，是修理，还是报废换新件。若修理，在哪一级维修机构修理最为合适。这也就是所说的修复性维修保障方案，而修理级别分析是确定修复性维修保障方案的有效分析工具。

1）基本概念

修理级别分析是一种系统性的分析方法，它以经济性或非经济性因素为依据，确定装备中待分析产品需要进行维修活动的最佳级别。

修理级别分析不仅直接确定了装备各组成部分的修理或报废地点，而且还为确认装备维修所需要的保障设备、备件储存和各维修级别的人员与技术水平及训练要求等提供信息。

修理级别是指装备使用部门进行维修工作的各级组织机构。通常多采用三级维修机构，即基层级、中继级和基地级（工厂级）。各级维修机构都有规定的工作任务，并配备与该级别维修工作相适应的工具、维修设备、测试设备、设施及训练有素的维修与管理人员。

（1）基层级。由装备的使用操作人员和装备所属分队的保障人员进行维修的机构，在这一维修级别中只限定完成较短时间的简单维修工作，如装备保养、检查、测试及更换较简单的部件等。它配备有限的保障设备，由操作人员和少量维修人员实施维修。这一级通常还承担战场抢修工作。

（2）中继级。比基层级有较高的维修能力（有数量较多和能力较强的人员及保障设备），承担基层级所不能完成的维修工作。

（3）基地级（修理工厂）。具有更高修理能力的维修机构，承担装备大修和其大部件的修理、备件制造和中继级所不能完成的维修工作。

军兵种维修级别有所不同，但划分维修级别的基本原则是相似的。军队维修级别的确定要考虑装备特点、平时和战时使用与保障要求、部队的编制和体制等诸多方面的因素。为了保证部队需要的高机动性，则要求维修机构特别是基层级和中继级不能有庞大的人力和物力编配，因而也限制了其可执行维修工作的范围。一般在装备特性和使用要求没有重大改变时，在一个时期内，既定的维修级别是不变动的。

2）分析方法

修理级别分析技术提供了非经济性分析和经济性分析两类分析方法，以回答修复性维修决策的问题。

（1）非经济性分析。在实际分析过程中，有些非经济性因素将影响或限制装备修理的维修级别。其中包括部署的机动性要求、现行保障体制的限制、安全性要求、特殊的运输性要求、修理的技术可行性、保密限制、人员与技术水平等。通过对这些因素的分析，可直接确定装备中待分析产品在哪一级别维修或报废。因此进行维修级别分析时，应首先分析是否存在需优先考虑的非经济性因素。

（2）经济性分析。当通过非经济性分析不能确定待分析产品的维修级别时，则可进行经济性分析。经济性分析的目的在于定量计算产品在所有可行的维修级别上修理的费用，然后比较各个维修级别上的费用，以选择费用最低和可行的待分析产品（故障件）的最佳维修级别。

5. 使用与维修工作分析（OMTA）

根据保障性分析的要求，在装备设计与研制过程中，要同时确定与装备相匹配的保障资源要求，这是关系到装备交付部队使用时，能否及时、经济有效地建立保障系统，并以最低的费用与人力提供装备所需的保障，是能否实现预期的战备完好性和保障性目标的重要问题。使用与维修工作分析是建立保障方案与保障资源关系的桥梁，是科学确定保障资源需求的重要手段。

1）使用与维修工作

使用与维修工作包括使用工作、预防性维修工作、修复性维修工作和战损修理等。

（1）使用工作：本书特指为保障装备在预定的环境中使用和执行预定的任务所需的保障工作。通常包括装备启动前准备（测试、检查、调整、校正等），装备动用，保养（有时将保养列入预防性维修），电、油、液、气及弹药的补充，储存，运输等。这些工作是根据装备的功能和按作战和训练任务要求制定的。由于装备特点不同，使用工作的范围和内容也不同。

（2）预防性维修工作：预防性维修工作是为预防某一潜在故障或发现隐蔽功能故障而进行的工作。预防性维修工作类型通常有保养、操作人员监控、使用检查、功能检测、定时拆修、定时报废和上述工作类型的综合。在制定维修方案时，可结合维修级别的划分和部队实际执行维修作业时的不同的工作类型综合成各种维修和保养工作。

（3）修复性维修工作：是为修复故障装备所进行的维修工作，这种维修工作通常是非计划性的，一般包括更换、周转件修复、原件修复、机上直接修复等。

（4）战损修理：也称战伤修理，是在战场环境中针对损伤装备实施的修理工作。战损修理与平时预防性维修和修复性维修在很多情况下是不相同的，战损修理主要是在特定的时间和条件下采用的简易和应急的修复方法，修理特殊的损伤或部位。这些修理工作应当根据预计的作战环境、战损评估和作战经验专门制定。

2）使用与维修工作分析流程

使用与维修工作分析比较简单，但如果针对每项保障工作都进行该项分析工作时，工作量是非常大的。它的原理就是将每项保障工作按照时序分解为子工作或工序，然后对每一工序进行保障资源需求分析，其分析流程如图 2-5 所示。

使用与维修工作分析是确定出每项保障工作每一次所需的资源，它是确定部队建制单位保障资源总需求的重要信息。

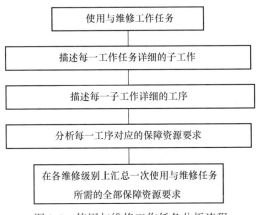

图 2-5　使用与维修工作任务分析流程

6. 费用分析（CA）

综合保障工程要以可承受的寿命周期费用在装备部署使用时，提供与装备相匹配的保障资源并建立保障系统，以实现装备的战备完好性目标和获得持续作战能力。因此，费用是综合保障追求的目标之一，也是装备研制的约束条件。要达到这些要求，需要在综合保障工程的实施过程中做好费用分析和控制工作。在保障方案的优化与选择过程中，寿命周期费用是重要的评价因素，费用分析是重要的分析方法。

1）基本概念

装备系统寿命周期费用（LCC）是装备系统中包括硬件、软件和各类保障资源在预计的寿命周期内，为其论证、研制、生产、使用和退役处理所需的直接、间接、重复性、一次性和其他费用的总和。现代化装备的实践表明，使用阶段的装备保障费用占寿命周期费用的比例很大，装备越现代化、性能越精良、自动化程度越高，结构也越复杂，其结果对使用方来说不仅是购置费用猛增，同时在投入使用后保障费用更是惊人地增大。由于购置费用是一次性投入，大型装备投资很大，所以人们对购置费用比较重视。而使用保障费用是零星支付的，每年支付的费用数目不是很大，容易被人们忽视，但装备的使用年限一般为 10 ~ 20 年，将这期间的使用保障费用累计起来，其数目是非常可观的，因此在装备研制时必须认真分析研究寿命周期费用，否则就会导致装备研制的重大失败。图 2-6 所示的寿命周期费用冰山效应就充分说明了装备寿命周期费用的重要性。

2）费用分解结构

为了掌握装备寿命周期内发生的全部费用，保证费用分析的准确性，建立费用分解结构是有效的方式。费用分解结构是按装备寿命周期费用的构成分解成不同层次的费用单元，并将它们按序分类，用于估算寿命周期费用。由于装备类型不同，进行费用分析的目的不同，费用分解结构可能各式各样，但应与装备系统财务会计管理项目相协调以便于计算。图 2-7 是一种典型的装甲车辆费用分解结构示例。

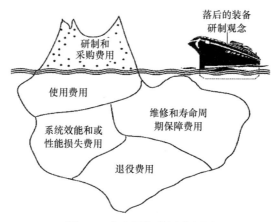

图 2-6　寿命周期费用冰山图

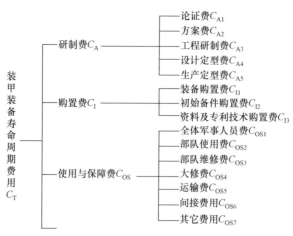

图 2-7　一种典型的装甲车辆费用分解结构示例

3）费用估算方法

费用是综合保障追求的目标之一，也是装备研制的约束条件，因此，在保障方案的优化与选择过程中要进行费用分析和控制。主要是应用费用分解结构来掌握装备寿命周期费用，即按装备寿命周期费用的构成，分解成不同层次的费用单元，并将它们按序分类，用于估算寿命周期费用。

费用估算的基本方法有类比估算法、专家判断估算法、参数估算法和工程估算法等。

（1）类比估算法（也称类推法或模拟法）。类比估算法的基本原理是将待估算装备与有准确费用数据和技术资料的基准比较系统，在技术、使用与保障方面进行比较，分析两者的异同点及其对费用的影响，利用经验判断求出待估装备相对于基准比较系统的费用修正值，再计算出待估装备的费用估计值。简单装备的基准比较系统可以是一种现有的相似装备；而复杂装备的基准比较系统可以是多个不同装备的相似分系统的组合体。如果很难找到有详细技术资料和费用数据的同类装备可作为基准比较系统时，也可以在具有某些相似特征和一定可比性不同类型装备中寻找基准比较系统。

类比估算法多在装备研制的早期如论证阶段和方案阶段早期使用，此种方法可迅速地做出各方案的费用估算结果。

（2）专家判断估算法。专家判断估算法就是由专家根据经验判断估算出装备的寿命周期费用的估计值的方法。它是预测技术中的专家意见法（或称德尔菲法）在寿命周期费用估算中应用。该方法是以专家为索取信息的对象，利用专家所具有的装备与费用估算的知识和经验，对待估装备或类似装备的费用、技术状态和研制、生产及使用保障中的情况进行分析与综合，然后估算出装备的寿命周期费用。采用此种方法要为估算某装备费用成立专家小组，采取函询方式多次征求并收集专家对待估装备费用估算的意见，然后将专家们的估算意见经过综合、归纳和整理，匿名反馈给每位专家再次征求意见；这样多次征询与反馈使专家们有机会将自己的估计意见和别人的意见进行比较，不断地修正自己的判断；最后，将专家们分散的估计值加以统计，用中位数或平均数加以综合，得出费用的估计值。

（3）参数估算法。参数估算法的基本原理是根据多个同类装备的历史费用数据，选取对费用敏感的若干个主要物理与性能特性参数（如质量、体积、射程、探测距离、平均故障间隔时间等），运用回归分析法建立费用与这些参数的数学关系式来估算寿命周期费用或某个主要费用单元费用的估计值。利用这些参数与同类装备的历史费用数据之间存在的某种统计函数关系，从中选择影响费用的主要参数，运用回归分析法建立参数估算关系式，这些数学关系式可能是线性的，也可能是非线性的；可以是一元一次或一元二次的简单关系式，也可以是多元的复杂关系式。这些数学关系就是参数估算法费用估算模型。将待估算的新研装备的参数值输入模型就可以预测新研装备的费用估算值。

（4）工程估算法。这种方法是一种按费用分解结构中各费用单元自下而上的累加方法。每一费用单元都用工程的方法来计算，如计算零部件的费用则由设计费、原材料费、工时费及外购件费等总和而得。它需要设计工程的具体数据，因此工程估算法一般用于方案阶段后期、工程研制、生产、使用阶段。由于工程估算法反映了详细的设计，所以一般具有较高的准确性。

显然，采用工程估算法必须对产品全系统要有详尽的了解，而且还应熟悉产品的生产过程、使用方法和保障方案及历史资料数据等。工程估算法是很麻烦的工作，为估算产品的一个重要部件的费用，常常需要进行烦琐的计算。但是，这种方法既能得到较为详细而准确的费用概算，也能指出费用的主导因素，可为节省费用提供主攻方向。因此，它仍然是目前采用较多的方法。但由于该方法需要详细的信息，所以这种估算法不适用于研制工作的早期。

选择哪种费用估算方法的依据是费用分析的目的以及所需决策的问题、可用数据的详细程度、所需费用值的要求精度、允许进行分析的时间和进行估算的时机即在哪个研制阶段等。应该指出：上述每一种方法都有其各自的优缺点，并且都要付出一定的估算费用，工程估算法估算精度虽高，但花费比较大。所以要确定是否值得付出更多的费用进行更为详细的估算。总之，估算值的预期用途（即目的）是主要决策的依据，有时更为细致的估算方法未必能够提供更为精确的估算值。进行估算所依据的信息精确程度和范围对估算结果精确度的影响要比估算方法的影响更大。因此任何 LCC 估算都不能完全只依靠一种估算方法，要鼓励分析人员同时采用几种不同的估算方法以暴露一些隐藏的因素，同时也可以提高估算结果的准确性。

［例 2-1］

现举例说明费用参数估算法关系式的建立，以某雷达的综合性能为参数计算其购置费。根据统计，不同型号雷达的综合性能和购置费的相关数据如表 2-2 所列。

表 2-2　雷达的综合性能与购置费用

型　号	A	B	C	D	E	F	G	H
P/性能	105.38	121.16	55.69	123.10	140.43	169.25	163.14	211.52
购置费/万元	135	230	114	260	306	520	465	1910

其中　　$P = 10\lg\left[\left(P_1 \cdot P_2 \cdot P_3 \cdot P_4\right)\right]$

　　　　P——雷达综合性能；

　　　　P_1——雷达的搜索发现能力；

　　　　P_2——雷达的反杂波能力；

P_3——定位精度；

P_4——抗有源干扰能力。

以雷达综合性能值 P 为横坐标，以其购置费为纵坐标做图，如图 2-8 所示。将图 2-8 上数据分两组分别进行回归分析。

令

$$C_G = a + bP$$

式中　C_G——购置费；

　　　a、b——回归系数。

根据最小二乘法：

第一组雷达 $C_G = -20.04 + 2.19P$

第二组雷达 $C_G = -722.13 + 7.13P$

参数估算法最适用于产品研制初期的费用估算、确定费用主导因素和进行费用敏感度分析。

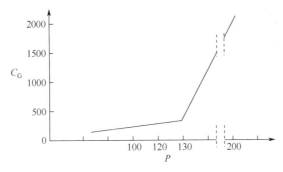

图 2-8　雷达购置费与综合性能

通过寿命周期费用分析，可以估算不同的设计和保障方案以及主要保障资源对费用的影响；在可承受费用前提下，为研究和确定可行的保障方案提供决策依据。还可以在部署后使用方案和维修方案的改进决策提供依据，从而从寿命周期费用的角度对保障方案的优劣进行评价。

7. 功能分析（FA）

功能分析是确定使用保障工作项目的基础。它是在装备的设计和研制过程中采用逻辑的与系统的分析方法，确定装备所必须完成的功能要求，并将这些功能层层分解为装备下一层次的功能。将装备的有关功能逐项加以分析，找出在使用过程中为充分发挥装备功能而应进行的使用保障工作，以及为保持和恢复装备所具备的功能而应进行的维修保障工作。它是一种分析功能要求，并将这些功能要求分解为一项项具体保障工作的方法。这是一个反复迭代的过程。

下面以装甲装备为例，说明使用功能分析与使用和使用保障工作的对应关系。一般情况，装甲装备的使用功能可分为作战（训练）使用功能、储存功能、自救和互救功能等。对装备的作战使用功能应自上而下地分层次进行分析，顶层的作战使用功能是机动、火力和防护等功能；对于完成机动功能的推进系统，又可分为启动发动机、发动机产生动力、传递动力、变速、转向、制动、克服障碍等功能；可继续分析更下层的功能，如为完成在严寒条件下的启动发动机功能，必须完成的使用工作和使用保障工作包括：①检查并补充冷却液；②检查并补充燃料；③检查并补充润滑油；④检查蓄电池容量，并充电或更换；⑤检查加温锅电热塞，启动加温锅，并加温到规定要求；⑥人工转动发动机曲轴一周；⑦启动电机空转5s；⑧启动发动机；⑨空载加温发动机到规定要求；⑩低速低负荷行驶，加温发动机至规定要求，然后可正常行驶。坦克部分使用功能和使用保障工作的对应关系如图2-9所示。

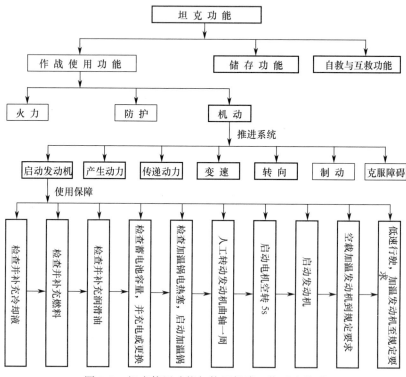

图2-9　坦克使用功能与使用保障工作对应关系

通过装备使用功能分析，分析装备所有具备的使用功能，并建立起使用功能与使用保障工作项目的对应关系，为建立使用保障方案奠定基础。

使用保障方案是描述装备执行某一任务或处于某一状态时所需进行的使用保障工作的详细描述。因此，为了制定装备的使用保障方案，必须分析装备的任务剖面或所处的某一状态，汇总执行该任务剖面或所处的某一状态所需要的使用保障工作，形成某一任务剖面或所处的某一状态的具体使用保障方案。

2.3　装备综合保障国内外相关标准概况

为了支持装备综合保障工作的开展，各国陆续制定相关标准对该项工作加以规范，有的侧重管理和技术方面，有的侧重信息和数据方面。同时相关标准也在不断进行修订、更新和发展，标准的发展反过来又推动了装备综合保障工作的深化开展。

美国先后颁布了综合后勤保障的相关国防部指令和军用标准，1964 年颁布国防部指令文件 DoDI 4100.35《系统和设备的综合后勤保障要求》中首次提出了"综合后勤保障（ILS）"的概念；20 世纪 70 年代颁布了军用标准 MIL-STD-1388-1《综合后勤保障分析》和 MIL-STD-1388-2《综合后勤保障分析记录的要求》，20 世纪 80 年代又先后升级为 MIL-STD-1388-1A（后面简称 1388-1A）和 MIL-STD-1388-2B（后面简称 1388-2B）；20 世纪 90 年代颁布新的采办指令性文件 DoDD 5000.1《重大国防系统的采办》和 DoDD 5000.2《防务采办管理政策和程序》，将综合后勤保障作为采办工作不可分割的组成部分，并对综合后勤保障的范畴进行了扩大，与此相适应，美国国防部又制定了 MIL-HDBK-502《采办后勤》和 MIL-PRF-49506《后勤管理信息性能规范》，前者详细说明了后勤保障分析如何开展，后者则对其中涉及的数据进行了详细定义，分别替代 1388-1A 和 1388-2B。除了军用标准外，美国电子信息协会还颁布了 GEIA-STD-0007《后勤产品数据》标准，其基本表结构与 1388-2B 类似，在数据交换方面采用了更为灵活的 XML 技术。

1996 年，英国颁布国防标准 DEF STAN 00-60《综合后勤保障》（后面简称 00-60），它是英国唯一的综合后勤保障标准，该标准参照美军标准 1388-1A 和 1388-2B，并与其配合使用构成英国综合后勤保障的完整体系。该标准是在吸收美国军用标准先进经验的基础上制定的，包括综合后勤保障的各个方面。2004 年颁布实施了 00-60 的更新版本。2011 年又颁布了 00-600《国防部项目的综合后勤保障要求》取代了 00-60，并在联合军种出版物 JSP 886 第 7 卷（2011 年更新）中详细规定了装备保障性分析的有关内容，包括保障性分析的程序、保障性分析的工作、有关人员的职责等，为在装备寿命周期各个阶段进行保障性分析工作提供了比较系统、实用的指导。

近年来，为了确保诸如综合保障分析、供应保障出版物、预防性维修信息等技术数据能够在装备全寿命周期内无缝共享，欧洲航空航天与国防工业协会（ASD）与美国航空航天工业协会（AIA）携手开发 S 系列规范，于 2009 年推出了 S 3000L《后勤保障分析国际程序规范》，此规范参考了 1388-1A、MIL-HDBK-502 和 00-60 等文件以及 ISO 10303-239《产品寿命周期保障（PLCS）》中给出的活动模型，成为综合保障领域的新标准。

我国参照美国军标 1388-1A 制定了 GJB—1371《装备保障性分析》，于 1992 年颁布，作为装备保障性分析开展的技术标准；参照美国军标 1388-2B 制定了 GJB—3837《装备保障性分析记录》，于 1999 年颁布，作为装备保障性分析开展的信息（数据）标准；同年还根据我国国情实际，颁布实施了 GJB—3872《装备综合保障通用要求》，作为装备综合保障的顶层管理标准。上述三个标准分别从管理（要求）、技术（工作）、信息（数据）三个维度，构成了我国装备综合保障工程的三大支柱性顶层标准。

本节将对不同时期国内外有代表性的综合保障标准进行介绍。

2.3.1 美国综合后勤保障标准概况

1. 美国综合后勤保障标准演变

美军非常重视装备后勤保障分析及信息的作用，先后制定了相关国防部指令和军用标准，其中比较具有代表性的是 MIL-STD-1388-1/2 两个标准。标准最早于 1973 年制定颁布，规定综合后勤保障的主要目标是用可承受的寿命周期费用实现装备的战备完好性目标，提出要实现这一目标必须执行这两个军用标准。MIL-STD-1388-1 主要规范后勤保障分析中各类方法和过程（如 FMECA、RCMA、LORA、LCC、比较分析、权衡分析、停产后保障分析等）如何有序执行，确保保障性设计/分析、保障系统工程活动与系统功能/硬件同步设计、制造、部署；MIL-STD-1388-2 主要规范后勤保障分析输入、输出数据的存储与利用，保证工程师心中有数、随时精确掌握情况，即所有工程活动最终都要通过数据表现出来。

之后，随着 IT 技术（如关系型数据库、互联网、数据安全等）的发展，MIL-STD-1388-1/2 逐步进化为 MIL-STD-1388-1A/2A。但由于 IT 技术使数据利用方式变化更快，而 MIL-STD-1388-1A 所专注的方法基本成型，因此 MIL-STD-1388-2A 在 IT 技术推动下领先一步成长为数字/信息时代的 1388-2B。进入 2B 时代的武器装备保障信息，完全由以计算机为核心的自动数据处理系统进行高速处理和再利用，并辅以数据安全技术确保工程人员按各自授权进行访问。

后续，美军对 ILS 标准又持续进行了一系列改革，其中包括用 MIL-HDBK-502 和 MIL-PRF- 49506 代替 MIL-STD-1388-1A 和 MIL-STD-1388-2B。在 MIL-HDBK-502 中，美军首次将综合后勤保障（ILS）、后勤保障分析（LSA）和后勤保障分析记录（LSAR）集成到一个文件"采办后勤"当中，主要特点如下：LSA 作为采办后勤的一个部分，将后勤保障问题作为一项采办工作加以重视；标明 ILS 的采办过程也是系统工程过程，应与装备采办同步进行；强调保障性是装备的一项重要性能指标，也是一个综合性较强的指标，在特性上它包括可靠性、维修性等诸设计特性，保障性从装备的使用角度出发，最后又落脚在装备的使用上，上述特点表明，装备的保障问题受到越来越多的重视。

美军在 MIL-PRF-49506 中虽然对 LSAR 数据单元的选取做了较大的调整，重点规定了 LSA 数据产品交付要求，不再规定数据库要求，但用其代替 MIL-STD-1388-2B 并不意味着是 MIL-STD-1388-2B 的改版，它只是反映了合同中规定要获得数据要求方式的改变。后来，又针对 CALS 和 PDM 等颁布了支撑系统工程和需求数据的国际标准 ISO-10303-233（即 AP 233）和支撑产品寿命周期（PLCS）数据的国际标准 ISO-10303-239（即 AP 239）。

综合来看，美军的相关综合后勤保障标准无论怎么演变，后勤保障分析及其信息的核心作用和地位都没有改变；无论后勤保障分析及其信息是否分别作为独立的标准加以规范，其核心内容并没有本质变化，主体工作内容和流程、涉及的相关方法技术等均没有太大的变化。下面结合本书所关注的重点，对 MIL-STD-1388-2B 进行简介。

2. MIL-STD-1388-2B 简介

MIL-STD-1388-2B 是 MIL-STD-1388-1A 的配套标准，作为 LSAR 的首部军用标准，对 LSA 和 ILS 工作的开展起到了非常重要的推动作用。该标准主要由 104 个关系表、518 个基本的数据单元定义、920 个数据单元和 48 个推荐的 LSAR 报告组成，在 LSA 信息处理方面是一部比较完整和有工程化背景的标准。

标准正文分为 6 个部分，附录分为 6 个部分，MIL-STD-1388-2B 主体部分构成表如表 2-3 所列。

表 2-3　MIL-STD-1388-2B 主体部分构成表

正文编号	正文标题	附录编号	附录标题
1	范围	附录 A	LSAR 关系表
2	参考资料（引用文件）	附录 B	LSAR 报告
3	术语定义	附录 C	工作单元代码、备选工作单元代码和使用码的应用指南
4	总体要求	附录 D	LSAR 应用和剪裁指南
5	人工/自动化编制 LSAR 关系表的详细说明	附录 E	数据元字典
6	备注说明	附录 F	LSAR 缩略语清单

MIL-STD-1388-2B 颁布之后，迅速得到了广泛应用。基于 MIL-STD-1388-2B，国外开发了诸多软件工具支撑 LSA 和 LSAR 工作的开展，诸如美国 Raytheon 与 ISS 公司分别设计了 EAGLE（增强的自动化图形化后勤环境）与 Slicwave 集成数据环境（IDE）。在 M1 坦克、F-22 战斗机等多个装备型号研制中均遵照 MIL-STD-1388-2B 等标准开展了相应工作，使这些装备的保障性水平大幅度提高，

使用与保障费用显著下降，保障资源与保障工作均得到了较大简化。

随着信息化手段的飞速发展，MIL-STD-1388-2B 在某些方面已显过时，特别是该标准的制定最初主要是从关系数据库设计、数据的组织与存储的角度出发的，且与具体开发技术联系紧密，缺乏对完整的、全寿命周期产品数据服务的认识，因此一定程度上束缚了具有更高的集成性和综合性的设计分析系统的开发与应用，也有些不适于作为在以产品数据管理（PDM/PLM）系统为核心的集成化产品研发环境中建立 ILS 数据服务体系的框架来使用，所以近年来，对该标准的支持度有所降低。后期被 MIL-PRF-49506 所取代。2007 年美国美国政府电子信息协会发布了 GEIA-STD-0007（2010 年发布了 GEIA STD-0007-A-2010《后勤数据实施模型》），其基本表结构与 2B 类似，但在数据交换方面采用了更为灵活的 XML 格式，成为美国 LSAR 方面的新标准。

2.3.2　英国综合后勤保障标准概况

在美国的影响下，英国也制定并实施了相应的综合后勤保障的政策、法规与标准文件。近年来，英国国防部高度重视综合后勤保障的改革与发展，早期借鉴美军 MIL-STD-1388-1A 和 MIL-STD-1388-2B，制定颁布了 DEF STAN 00-60《综合后勤保障》，后期又制定了 DEF STAN 00-600《国防部项目的综合后勤保障要求》，并同步对综合后勤保障系列手册 JSP 886 进行更新与升版，以满足新形势下综合后勤保障的需求。

1. DEF STAN 00-60 简介

英国国防标准 DEF STAN 00-60《综合后勤保障》，颁布时是英国唯一的 ILS 领域标准，标准涵盖了 ILS 的各个方面，但对各个方面并不是面面俱到地并重阐述，而是做到了重点突出，可操作性比美军早期标准要好。

2004 年英国颁布了 DEF STAN 00-60 的新版本，该版标准由 7 个部分组成，表 2-4 列出了有关信息。

表 2-4　DEF STAN 00-60 的新版本状态

部分	标题	版本号	颁布日期
0	综合后勤保障的应用	6	2004 年 9 月 24 日
1	后勤保障分析和后勤保障分析记录	3	2004 年 9 月 24 日
3	软件保障应用指南	3	2004 年 9 月 24 日
10	电子文件	5	2002 年 5 月 24 日
20	综合供应保障程序（ISSP）的应用	7	2004 年 9 月 24 日
21	初始供应程序	6	2004 年 9 月 24 日
22	编码程序	5	2003 年 6 月 4 日

与上一版本相比，本版本主要的变化如下：

（1）第 0 部分（ILS 的应用）和第 1 部分（LSA 和 LSAR）中体现了编辑上的变化；

（2）第 0 部分、附件 C、附录 B 是基于 web 的；

（3）取消了第 2 部分（LSA 和 LSAR 应用指南）；

（4）修订了第 10 部分（电子文件），以反映近来对 AECMA S1000D（利用公共源数据库的技术出版物国际规范）第 2 版的变更，该标准完全涵盖了地面、海上和空中环境；

（5）完全重写了第 21 部分（初始供应），首次加入了英国国防部（UK）对 AECMA S 2000M（军事装备器材管理综合数据处理国际规范）的初始供应（IP）的信息的解释；

（6）取消了第 23 部分（采购规划）、第 24 部分（订货管理）、第 25 部分（发货）和第 26 部分（修理和大修）。

表 2-5 列出本次取消的部分的有关信息。

表 2-5　DEF STAN 00-60 老版本被取消的部分

部分	标题	取消日期
2	LSA 和 LSAR 应用指南	2004 年 9 月 10 日
23	采购规划程序	2004 年 9 月 10 日
24	订货管理程序	2004 年 9 月 10 日
25	发货程序	2004 年 9 月 10 日
26	修理管理程序	2004 年 9 月 10 日

英国国防部对 ILS 应用的政策是，按照 00-60 将 ILS 方法应用于国防部所有的装备采购，包括技术验证项目（TDP）、重点改进项目、软件项目、合作项目、非研制产品和货架产品的采购中。通过实施 ILS 以确保主装备设计是可保障的，必要的保障基础设施是到位的，并且 LCC 是可接受的。对于不能影响设计决策的项目，也要求在保障性和 LCC 最佳的基础上，用 ILS 来影响对已研制装备的选择。

2. DEF STAN 00-600 简介

随着武器装备采办环境的变化、信息技术和全寿命周期管理理念更新的发展，英国国防部于 2011 年又颁布了 DEF STAN 00-600，代替了原来的 00-60，该标准描述了英国国防部综合后勤保障的整体背景，并为装备采购合同等提供了指导性内容，可以根据具体合同的需求对标准中详述的合约要求进行适当的剪裁。

该标准描述的综合后勤保障活动涉及方案、评估、演示验证、生产制造、服役、退役报废等全寿命周期各个阶段，旨在提供投入具有最佳保障方案装备的能力，并维持装备全寿命周期的保障水平。

该标准定义了综合后勤保障的要求并规定了综合后勤保障政策，主要包括以下几点：

（1）国防部政策要求采购的装备必须在规定时间与费用的范围内，满足性能要求，并且在寿命周期费用具有完全的可保障性。

（2）国防部主管装备的最高长官下达命令，综合后勤保障的原则应该按照本标准的规定应用到所有装备的采购中。

（3）应用综合后勤保障必须确保装备具有可保障性，必要的保障基础设施到位、可用，寿命周期费用达到最优化。

此外，标准的具体内容还包括计划与管理、后勤保障日期、服役期内检验、保障方案、保障性分析、可靠性与维修性、人因一体化、安全与环境保护管理标准剪裁、后勤信息管理、后勤情况监测与管理、协商会议、综合后勤保障要素及相关原则、寿命周期费用等。

2.3.3 S 3000L 标准概况

前些年欧洲航空航天和国防工业协会（ASD）借鉴美军的做法，也制定颁布了 ILS 的系列规范，包括基于公共源数据库技术出版物（S 1000D）、供应保障（S 2000M）、保障性分析（S 3000L）、计划维修（S 4000M）、使用与维修反馈（S 5000F）和培训（S 6000T）等方面的一系列规范，其中 2009 年之后颁布的 S 3000L《后勤保障分析国际程序规范》尤为受到各方关注。

S 3000L 规定了 LSA 的工作流程和工作包、业务数据元素和数据模型及信息交换等方面内容，明确了与该系列其他标准的接口关系。编制目的是促使保障性要求切实成为装备性能要求的组成部分，以影响装备设计，尽早确定装备在保障方面存在的问题与相关费用需求，并确定装备在使用阶段所需的保障资源以及建立 LSAR 数据库，目标是提高装备的保障性与战备完好性水平、降低寿命周期费用，以期在费用、进度、性能和保障性之间达到最佳平衡。

S 3000L 由 22 个章节组成，其核心内容是各种 LSA 方法技术，意图将产品保障性分析（LSA）和保障性分析数据（LSAR）要求融在一起，从而为生成 ILS 各要素提供主要数据。各章分别给出了相关方法技术的业务和数据要求以及工作流程，以及各种方法技术之间的数据输入输出关系。S 3000L 章节结构如表 2-6 所列。

表 2-6　S 3000L 章节结构

章编号	章标题	章编号	章标题
1	规范介绍	12	维修工作分析（MTA）
2	一般要求	13	软件保障分析
3	LSA 业务过程	14	寿周期费用分析（LCCA）
4	技术状态管理	15	退化分析
5	影响设计	16	使用数据反馈
6	人素分析	17	报废处理
7	LSA 的 FMEA	18	与其他 ASD 规范的关系
8	损伤和特殊事件分析	19	数据元素
9	与保障有关的使用分析	20	数据交换
10	计划维修分析	21	术语、缩略语和首字母缩写词
11	修理级别分析（LORA）	22	数据元素清单（DEL）

总体来说，S 3000L 吸取了欧洲装备 LSA 领域的新思想和新理念，是国际上非常先进的基于信息化和网络化的 LSA 规范，对解决我国装备 ILS 领域存在的标准化和信息化问题，完善标准体系具有较好的参考借鉴意义。

2.3.4　我国综合保障军标概况

为了促进装备综合保障工作的顺利开展，参考借鉴国外 ILS 标准，根据具体国情实际，我国先后制定颁布了装备综合保障的三大顶层国家军用标准。其中，GJB—3872 是开展装备综合保障工作的顶层管理（要求）标准，GJB—1371 是支撑装备综合保障工作开展的顶层工作（技术）标准，GJB—3837 则是支撑装备保障性分析工作开展的顶层信息（数据）标准，在使用时三者应配合使用。

GJB—3872 中主要明确了实施装备综合保障的一般要求和详细要求，主要工作内容包括综合保障的规划与管理、规划保障、研制与提供保障资源、装备系统的部署保障以及保障性试验与评价等 5 个方面，基本涵盖了装备综合保障的全部工作范围。该标准总体上在重大型号装备的综合保障工作中已经逐步得到了较为全面的贯彻。

下面重点对 GJB—1371 和 GJB—3837 两个标准加以简介。

1. GJB—1371 简介

GJB—1371 是支撑 GJB—3872 的重要标准之一，它规定了军用系统和设备在寿命周期内进行保障性分析、评估及其管理的要求，作为装备研制工作的论证、设计、生产、试验与使用单位提出保障性分析要求、确定保障性分析和制订保障性分析计划、指导分析工作的基本依据。保障性分析的详细要求分为 5

个工作项目系列，每个工作项目系列又可分为若干个工作项目。5 个工作项目系列的内容如下。

（1）100 系列：保障性分析工作的规划与控制。主要用于提供正式的保障性分析工作的规划与控制活动，用于保障性分析的管理与控制。该工作项目系列实质上是如何制定保障性分析工作纲要和分析计划以及评审的有关要求，以便于对保障性分析工作进行及时有效的监控和管理。

（2）200 系列：装备与保障系统的分析。主要通过与现有装备系统的对比和保障性、费用、战备完好性主宰因素分析，确定出保障性初定目标和有关保障性的设计目标值、门限值及约束。该项目系列实质上是通过使用研究、比较分析等工作来判别影响保障性的主要因素，提出科学合理的保障性要求。

（3）300 系列：备选方案的制定与评价。主要是优化新研装备的保障系统，并研制在费用、进度、性能和保障性之间达到最佳平衡的装备系统。该工作项目系列实质上是结合装备的设计方案和使用方案，首先通过功能分析、FMECA、RCMA、LORA 等分析技术分别确定出装备的使用保障要求、预防性维修保障要求、修复性维修保障要求，即装备的备选保障方案，再根据不同权衡准则，考虑如何优选出最佳的保障方案，同时对其进行优化。

（4）400 系列：确定保障资源需求。主要是确定新研装备在使用环境中的保障资源要求并制定停产后的保障计划。该工作项目系列实质上一方面是在研制过程中针对 300 系列确定的装备使用与维修保障工作，开展使用与维修工作分析，并结合其他方法和技术，确定出装备所需的人员、保障设备和备品备件等资源需求，以便同步配发部队；另一方面是在初始部署使用阶段，及时建立经济有效的保障系统，促使装备尽快形成保障能力。

（5）500 系列：保障性评估（试验与评价）。主要是保证达到规定的保障性要求和改正不足之处。该工作项目系列是对装备开展保障性试验与评价，掌握装备的保障性水平，一方面在装备研制生产过程中，为转阶段评审提供依据；另一方面在使用阶段，通过实际使用数据，检验装备在真实使用环境中的保障性水平。同时，通过试验与评价，找出装备在保障性方面存在的缺陷，为装备的设计和改进提出相应的建议。

从上述工作项目系列来看，比较清晰地体现出了保障性分析工作的脉络，即保障性分析工作的四大任务：保障性要求确定，保障方案的制定与优化，保障资源需求确定，保障性试验与评价。在此过程中，还始终贯穿着保障性分析工作的规划与控制等管理工作。同时在各个子工作项目中，标准还规范了各项工作该如何一步步来做，用哪些方法和技术来做，这就为保障性分析工作的顺利开展奠定了坚实的基础。但是该标准并没有明确由哪个机构或部门来承担这些工作，项目各参与方的工作分工与职责不甚明晰，这也使得订购方和承制方在装备型号的研制当中产生了一些不协调的现象。

2. GJB—3837 简介

保障性分析工作贯穿于装备系统的整个寿命周期过程，涉及多种专业工程接口，是一个反复迭代的过程，其间涉及大量的信息和数据，包括输入数据、中间处理数据和输出数据。我国借鉴美军 1388-2B 编制并颁布了 GJB—3837《装备保障性分析记录》，在内容方面做了较大的调整与剪裁。该标准规定了装备 LSAR 的数据单元、关系表的结构和建立 LSAR 数据处理系统的要求，提供了 LSAR 报告的种类和推荐格式，在使用时应主要与 GJB—1371 配合使用，应根据合同中规定的 GJB—1371 的工作项目和资料项目要求，进行剪裁和应用。

标准中主要包括 LSAR 关系表和 LSAR 报告两个大方面的内容。

（1）LSAR 关系表：标准中给出了十大类关系表和很多数据单元，标准附录 A 和标准附录 B 中分别给出了关系表和数据单元的说明。

标准附录 A：关系表结构及说明，该部分按功能范围将 LSAR 关系表分为十大类，每一类关系表都与某项具体的保障性分析工作直接联系起来。关系表类别和内容说明如表 2-7 所列。

表 2-7　关系表类别及内容说明

关系表类别		包含关系表	内容说明
代码	名称		
X	交叉功能要求	7 （XA～XG）	主要列出了多种关系表所共用的数据单元，如产品型号和工作单元代码等，用于构成保障性分析记录各个关系表的相互关系。订购方还在此类关系表中提供了部分用于权衡分析的供应保障、维修和人员等方面的数据
A	使用与维修要求	10 （AA～AJ）	列出了能反映装备预期使用与维修要求以及使用与维修环境方面的信息，并分别记录了平时和战时有差别的使用与维修要求
B	产品的 RAM 特性；FMECA、RC-MA	12 （BA～BL）	提供了组成装备的所有产品的功能说明，列出了维修方案，汇总了由 FMECA、RCMA 所得出的产品预防性和修复性维修工作的说明，并提出了装备更改设计或保障考虑的建议
C	工作清单、工作分析、人员与保障要求	11 （CA～CK）	提供了完整的使用与维修工作分析、人员及保障要求方面的信息，这些信息可以用于确定工作频次、人员技能、工具、保障设备、保障设施和供应保障等方面的要求

(续)

关系表类别		包含关系表	内容说明
代码	名称		
E	保障设备要求	11 (EA ~ EK)	汇总了有关现有的或新研的保障设备的信息，如保障设备的功能要求、参数、配置、设计数据和分配数量等
U	被测单元要求与说明	8 (UA ~ UH)	提供了装备上的被测单元和测试设备的信息，包括被测单元参数及说明、所需的测试设备、测试程序以及所需的适配器或接口装置等，这些是 E 类关系表的有效补充
F	设施考虑	5 (FA ~ FE)	主要用于说明通过使用与维修工作分析得出的所需的保障设施要求，包括设施说明、设施要求说明等
G	人员技能考虑	4 (GA ~ GD)	记录了装备的使用与维修所需人员的专业与技术等级要求
H	包装与供应考虑	9 (HA ~ HI)	提供了产品的包装要求与供应保障的相关信息，这些信息为确定初始供应保障和编制各类供应技术文件奠定了基础
J	运输性工程分析	6 (JA ~ JF)	提供有关装备运输要求以及装运方式和运输说明等方面的信息，若对装备实施分解运输时，应对每一分解部分提供有关的信息

标准附录 B：数据单元定义，给出了各关系表中所有数据单元的英文名称及其定义，有的定义中还给出了数据单元的数学模型，以便分析人员更好地理解和应用 LSAR。

（2）LSAR 报告：LSAR 数据以报告的形式输出。标准附录 C 中以示例的形式推荐了 41 种输出的 LSAR 报告的格式，涵盖了装备的保障性要求、使用与维修工作、保障资源需求清单等几个方面。同时还给出了输出数据单元的来源。

综合来看，GJB—3837 吸收了美国 1388-2B 军标的核心思想，并根据我国国情对数据元素的定义、数据表之间的关系进行了重新定义，理顺了保障性分析过程的数据需求和数据组织模式。标准自颁布以来，初步解决了保障性分析数据的收集、存储与处理等问题，对综合保障相关软件平台的开发也起到了很好的参考作用，但从工程应用角度来讲，也暴露了一些问题。比如，该标准与GJB—1371 标准的一致性上存在不足，基本涵盖了工作项目 200、300 和 400系列的重要工作内容，而对于 100 和 500 系列方面涉及的内容较少，难以完全支持 LSA 工作的开展；标准更多关注于对保障性分析过程的数据支持，还缺乏从更系统、更高层次上对全寿命周期过程中 ILS 过程对数据服务需求的理解，支持数据的共享、交换和综合的能力尚有不足；另外，该标准的数据字段的设置，不是来自于综合保障业务模型，与综合保障工作过程的需求还有不一致的地方，因此目前国内完全支持该标准的软件还很少见。

2.4　装备综合保障工程应用软件平台概况

以美国为代表的发达国家，在综合保障技术实现方面，一直致力于应用先进的信息技术解决综合保障中的各种难题。1985 年，美国利用信息技术解决了装备书面保障数据存在的问题，提出了在武器装备采办与保障过程中开展"计算机辅助后勤保障"；1987 年后，又将计算机应用引入整个武器装备采办领域，不仅涵盖了装备及其产品的保障数据，还把武器装备采办过程中生成的、用于产品设计制造所定义的数据信息纳入进来，称为"计算机辅助采办与后勤保障（CALS）"；1998 年的一份国防报告明确指出："CALS 是一项核心战略，这一核心战略的执行将使国防部与工业界之间能够建立集成数据环境。"此后，为推动 CALS 的应用与技术发展，美国国防部持续发布相关政策指令或标准规范，并大力推广 CALS 技术应用，据不完全统计，美国国防部以及各军兵种与有关公司在 100 多个计划项目中试验、推广了 CALS。

装备综合保障工程的实施，核心在于两点：①相关工作开展得如何；②是否有相应的数据配套，这就需要同步建立相应的综合保障业务工作模型和数据模型。模型的应用，有多种方式，当前综合保障技术都是基于装备综合保障相关软件工具得以实现，因此软件工具的适用性和实用性，直接影响到装备综合保障关键技术的应用，乃至综合保障工作开展的效果。

当前综合保障工程面貌已由传统"以纸介质为主"转变为当前"电子业务"方式，其基本思想是数据在源头一次性生成、多次重复使用，系统集成已成为其基本实施模式，基本方法是在信息集成的基础上构建涵盖装备设计、保障、服务功能的集成并行协同工程环境，并生成综合性数据库，逐渐形成了综合后勤保障设计环境的数字化、信息化、标准化、一体化。

与此同时，国内外纷纷围绕相关标准，开发制定了相应的软件工具，以支撑 ILS、LSA、LSAR 等相关工作的开展。国外比较具有代表性的有：美国 Raytheon 公司的"三剑客"套装软件（EAGLE、AIMSS、ASENT），Relex 公司开发的 Relex 系列软件，英国 Pennant 公司的 OmegaPS 软件，瑞典 Systecon 公司的 Simlox 和 Opus10 等。国内比较具有代表性的有：工业和信息化部电子第五研究所的 CARMES 软件平台，北京世纪坐标科技股份有限公司的云龙全维保障平台，北京瑞风协同科技股份有限公司的综保系列软件，北京可维创业科技有限公司的可维 ARMS 软件，中国人民解放军陆军装甲兵学院的典型装备综合保障工作平台和装备保障特性设计分析技术集成平台等。下面对国内外部分综合保障领域的典型软件平台加以简要介绍。

2.4.1 国外相关软件平台

1. EAGLE、AIMSS、ASENT 套装软件

美国 Ratheon 公司是美国国防部武器供应商，开发了 EAGLE、AIMSS 和 ASENT 综保系列软件，号称"三剑客"套装软件，共同应用于综合保障工作当中。

EAGLE（Enhanced Automated Graphical Logistics Environment）软件，是一款装备综合保障系统软件，从建立后勤数据和维护现有数据库到提供报告、技术手册等，提供了后勤保障完整解决方案。其中 LSAR 关系数据库提供了一个完整的后勤体系结构，该体系结构符合美国军用标准 1388-2B、MIL-PRF-49506 和英国国防部标准 00-60 等。EAGLE 拥有一个完整的后勤保障数据库，用户可以按某种确定需求浏览数据库，其功能包含使用维修、供应规划、系统管理、后勤保障分析管理、备件建模、仓库管理、维修工作分析、保障设备、可靠性可用性维修性（RAM）技术数据手册等能够从后勤数据库自动生成技术手册和基于 Web 的 HTML 文件。

AIMSS（Advanced Integrated Maintenance Support System）软件，提供了用户需要的创造、维护、发布功能和强大的 IETM 功能，而且操作简单。面向对象的 AIMSS 可以管理和维护多装备系统的数据。它增强了导入和导出功能，并且使数据操作更加简单。AIMSS 使用了 XML 链接技术，支持诊断测试、接收结果、自动转向适当的故障处理信息。通过与 LSAR 系统的接口，可以从 LSAR 数据库提取数据或进行远程修改。

ASENT（Advanced Specialty Engineering Networked Toolkit）软件，是一套能完成多种设计分析的综合工具包，包含可靠性预计、FMEA/FMECA、RC-MA、测试性分析、可用度和维修性预计等。

2. Relex 软件平台

Relex 系列软件是美国 Relex 公司出品的可靠性分析、维修性分析、安全性分析及可靠性工作管理软件，Relex 软件平台包含 Relex 和 FRACAS，并留有第三方软件接口，以便满足用户的不同需要而进行简单的二次开发。

Relex 软件包含可靠性预计、马尔柯夫模型、FMECA、故障树分析、维修性预计系统优化和仿真、现场故障数据分析、LCCA 和人因风险分析等模块。而 FRACAS 是故障信息闭环管理系统，能提供完整的故障报告、分析和纠正措施，并可进行可靠度、可用度、失效率和平均故障间隔时间（MTBF）的计算，以及进行可靠性增长和费用分析。

总体来看，该软件侧重于可靠性设计与分析的功能，涉及的装备综合保障工作的功能不多，主要是以可靠性为中心的维修分析（RCMA）模块。

3. OmegaPS 软件平台

OmegaPS 软件是英国 Pennant 公司开发的一款综合后勤保障软件，是在 Oracle 数据库平台基础上开发的商用软件产品，可以满足用户对装备综合保障的需求，如可靠性、维修性和保障性工程师的日常工作要求。OmegaPS 软件主要包括四部分。

（1）OmegaPS LSAR 综合保障分析记录系统；

（2）OmegaPS Analyzer 保障性分析器；

（3）OmegaPS Publisher 出版物管理和发布系统；

（4）Complex Asset Supportability System Interface（CASSI）综合保障数据集成工具。

OmegaPS 利用 1388-2B 和 00-60 标准中规定的综合保障工作所需的大量关系数据表，并为用户提供了 1388-2B 附录中规定的全部 48 个标准 LSAR 报告，还具有用户自定义报告的功能。软件包含了综合保障的所有要素，不仅实现了 ILS 数据维护以及标准报告生成，还包含其他专用的保障性分析软件以及费用计算的软件。

从 EAGLE 与 OmegaPS 的情况来看，通过提供集成数据环境、集成工具框架，进而提供集成的解决方案，是国外综合保障设计分析集成环境普遍采用的方式。

4. SIMLOX 软件平台

SIMLOX 由瑞典 Systecon 公司开发，是用于装备保障领域仿真分析的计算机仿真模型，主要用来模拟分析复杂的使用和后勤保障方案，支持战备完好性和系统使用保障费用之间的定量权衡，该模型提供了与设计输出、后勤工程、供应链和使用分析相关的接口。

最初，SIMLOX 只是作为 OPUS10 备件优化的补充，用于评估配置资源的可持续性和能力。后来又不断拓展了备件需求确定、保障方案评价等方面的功能。用户利用该模型可以实现以下目标：

（1）尽可能降低参数（故障率、周转时间等）变化带来的风险，其确定的最优结果具有很低的敏感性；

（2）模拟非常灵活的供应保障活动；

（3）比较不同的备选保障方案；

（4）确定优化的备件配置方案；

（5）确定最优的维修站点。

2.4.2 国内相关软件平台

1. CARMES 软件平台

20 世纪 90 年代，工业和信息化部电子第五研究所综合该所常年在可靠性、维修性、保障性、测试性、安全性（简称"五性"）领域的研究成果，研究开发了 CARMES"五性"工程软件平台，并于 2001 年开始推出，直至 2016 年发布了最新版本 CARMES 7.0，并更名为"六性协同工作平台"（图 2-10），该版本在上一版本的基础上，将"五性"拓展到了"六性"（可靠性、维修性、保障性、测试性、安全性和环境适应性）。

图 2-10　CARMES 六性协同工作平台

CARMES 7.0 突破了原有版本的六性工具集的定位，从型号六性一体化设计和全寿命、全过程、全特性管理需求出发，统一筹划和构建企业级六性协同工作环境和平台，强化六性项目、任务、流程、状态和数据的管理监控，新增了加速试验设计分析、环境适应性设计、基于故障物理的可靠性仿真和潜在通路分析等 8 个新模块。CARMES 7.0 提供的六性工程一体化解决方案，可有效辅助开展型号六性工作的顶层管理、设计分析、过程协同和数据共享。

总体来说，CARMES 软件平台中，也是以可靠性设计与分析功能模块居多，其中涉及装备综合保障的模块主要有寿命周期费用分析（LCCA）和以可靠性为中心的维修分析（RCMA），其他模块涉及很少。

2. 云龙全维保障平台

2019 年，北京世纪坐标科技股份有限公司开发完成了一款云龙全维保障平台，从保障特性角度对装备系统全寿命周期过程中涉及的 RAMS 及综合保障特性的数据和信息进行统一管理，通过装备构型、电子履历、装备状态管理等贯穿装备的设计、生产、使用、维修等各个阶段，实现对大型复杂装备的动态维修和全寿命跟踪管理。

该保障性工作平台用于完成 ILS/LSA 工程主要内容和事务，包括项目管理、产品定义以及各设计专业的 ILS/LSA 工程分析，如产品构型管理、RAM信息、FMECA、RCMA、O&MTA、运输信息等。

该平台具有两大核心功能：①集成了保障性设计分析工具，用于支持进行保障性分析活动（FMEA/RCMA、LORA、O&MTA 等），汇总各种通用保障资源（备件、工具、设施、人员等），并对资源的应用特性进行描述和管理。②维修保障管理，主要包括对装备使用保障、装备维修、供应保障以及相关的保障装备建设、保障人员专业培训等，用以协助开展装备维修保障业务。

3. WILS 综保系列软件

北京瑞风协同科技股份有限公司也开发了综合保障系列化软件，主要包括装备保障方案设计系统（WILS）、装备保障可视化设计仿真系统（WILSIMU）、保障性试验评价系统（WILS-TEST）、综保数据管理系统（LDM3000）、在役装备运维保障系统（ISEM S）、交互式电子技术手册工具（DE-EMS）等。

WILS 软件的功能结构如图 2-11 所示。WILS 主要用于复杂装备的保障任务和保障资源的设计分析，以及装备保障方案的生成和优化。WILSIMU 用于支持复杂装备的保障系统及业务过程的建模和仿真，可对装备保障指标进行预测和多维度分析。WILS-TEST 主要用于规划保障性试验大纲和方案，记录试验数据，评价型号保障性水平。LDM3000 负责装备全寿命周期的综合保障过程数据和结果数据的管理，并提供对业务的监控管理功能。ISEM S 主要解决目前在役装备的综合保障方面的问题，规范装备保障的业务管理，跟踪装备的使用技术状态，改进装备的备件规划。DE-EMS 是电子技术手册（IETM）编辑和发布工具，可借助其开展培训和使用维护等。

4. 可维 ARMS 软件平台

可维 ARMS 软件由北京可维创业科技有限公司开发，以可靠性、维修性、保障性、测试性和安全性（"五性"）设计分析工作需求为出发点，进行总体规划和设计，应用面向对象的软件开发技术，建立了"五性"设计分析软件集成环境（包括顶层设计和管理平台、设计分析工具及其后台服务），实现以顶层设计管理平台为中枢的集中控制管理和各设计分析工具之间的数据共享，为性能与可靠性一体化设计平台的构建奠定了基础。

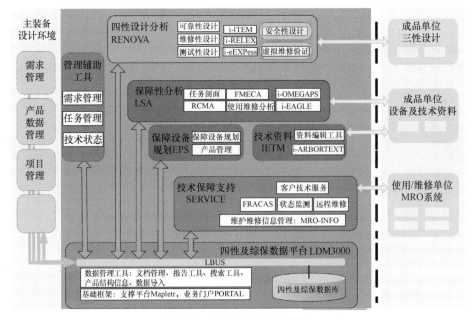

图 2-11   WILS 软件功能结构

可维 ARMS2.5 软件体系结构如图 2-12 所示。该软件所支持的通用分析方法主要包括可靠性管理和控制，以及可靠性、维修性、保障性、测试性和安全性"五性"设计分析等，但总体来说，主要集中在可靠性管理和控制、可靠性设计分析两大功能，保障性设计分析功能主要集中在以可靠性为中心的维修分析（RCMA）工具模块，其他模块涉及很少。

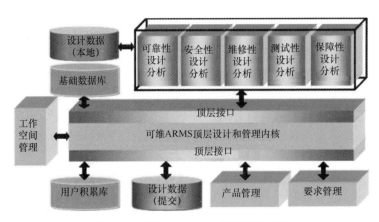

图 2-12   可维 ARMS2.5 软件体系结构

5. 装备综合保障工作平台

中国人民解放军陆军装甲兵学院（原装甲兵工程学院）自 20 世纪 80 年代开始一直致力于装备综合保障的研究与实践，经过多年的科研工作与型号实践，自主研发了典型装备综合保障工作平台和装备保障特性设计分析技术集成平台。

典型装备综合保障工作平台于 2005 年完成开发，是国内第一个全面系统支持装备综合保障工作开展的软件（图 2-13）。该软件平台主要基于 GJB—3872、GJB—1371 和 GJB—3837 三个综合保障顶层国军标开发，按照 GJB—1371 中规划的保障性分析四大工作内容体系，全面实现了装备型号保障性要求论证、保障方案确定与优化、保障资源需求确定与优化、保障性试验与评价等功能，并且在部分陆军、海军、空军装备型号工作中得到了应用。

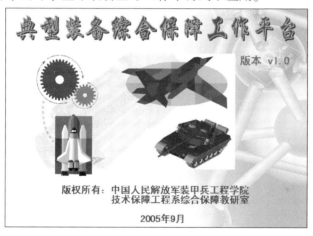

图 2-13　典型装备综合保障工作平台界面

2016 年，在原有平台基础上，结合装备保障特性设计分析技术实验室建设，该院又研发了装备保障特性设计分析技术集成平台，将狭义的保障性拓展为广义的保障特性：①将购置的 Iosgraph 五性设计分析软件集成在内；②适当拓展了装备体系保障方案和保障资源规划优化的部分功能；③增加了现役装备保障特性水平评估功能。拓展以后，能更好地支撑装备及体系综合保障工作的开展。

2.5　小　　结

本章首先介绍了装备综合保障工程的基本理论，包括其概念、工作任务、研究对象、特点、组成要素等，为读者呈现了装备综合保障工程的概要全貌。在此基础上，针对装备综合保障工程的核心过程——保障性分析的概念、主要内容和分析技术等进行了论述。本章还对国内外装备综合保障的相关标准、标准的内容及应用情况进行了说明，对国内外相关综合保障应用软件平台进行了介绍。

　　从国内外发展来看，装备综合保障工程当前已经形成了较为完整的理论、方法、标准与工具体系，同时国外发达国家在装备采办项目中能够较为系统地开展装备综合保障工作，对提升装备保障性产生了重要作用。而国内通过多年的探索与发展，虽然也建立了相应的理论与方法体系，并参照发达国家制定并颁布了相关标准，但在工程实施层面还存在较大差距，虽然也开发了一些软件系统，但无论是软件本身的功能，还是软件的工程化程度，尚不能很好地支撑实际的工程化应用，特别是在对装备综合保障业务流程与装备系统工程过程以及企业业务流程的集成与融合方面，尚存在一定差距。因此，在企业范围内实现与装备研制系统的无缝信息集成和业务集成，是未来国内装备综合保障工程软件平台的发展方向。

第3章 业务建模技术及其应用

3.1 业务建模概述

3.1.1 业务建模的基本概念

业务就是某一组织或个人为了达到某一目标，而需要处理的一系列活动及其需要处理的各项事务。在不同的行业领域，由于相关组织和人员为了达成的目标不同，需要开展的相关业务活动也就不同。结合对于建模的定义可知，业务建模是构建为达成某一目标所开展的各项活动、处理各项事务等的相关模型，即构建业务模型的过程。

业务模型是关于一个业务流程、系统或主题域一系列组成部分的表示。一个业务流程是一系列的将一个对象作为输入并使之增值来满足需求的活动集。业务流程模型因此便是显示一系列活动集的组成部分的集合。结合建模的目的可知，创建业务模型的目的如下。

（1）加深对业务相关机构的组织结构和动态变化的理解。

（2）发现当前业务机构的结构、职责、业务流程等方面存在的问题。

（3）确保开发人员、模型使用者和业务机构对于建模目标的一致。

（4）明确开发业务模型的具体需求。

构建业务模型的过程称为业务建模（Business Modeling），又称为企业建模。它是以软件模型方式描述企业管理和业务所涉及的对象和要素，以及它们的属性、行为和彼此关系，业务建模强调以体系的方式来理解、设计和构架企业信息系统。在构建业务模型过程中，应注意与业务机构现有环境和流程的匹配性，明确业务过程中涉及的人员职责和相关需求，以及各项业务流程所需处理的具体事务等内容，从而确保构建的业务模型能够适应业务机构的需求。构建业务模型的具体目的如下。

（1）业务流程模型可以有效避免后续相关软件系统开发的多次返工、迭代，从而缩短系统开发的时间。

（2）通过业务模型可以确定各岗位人员的具体职责，当需要设计、开发相关重要业务的处理机制、处理办法等问题时，能够准确找到相关岗位人员，从而避免关键业务开发的准确性和时效性。

（3）业务建模可以让系统开发在项目开发的前期就对相关业务功能进行有效的测试，避免在项目开发后期由于对相关业务功能需求理解的错误，而造成需要大幅修改系统的问题，降低错误修改的成本。

（4）建立精确的业务建模，使得开发人员、业务人员和专业领域人员能够很好地理解系统业务需求，从而为各项业务功能的设计、开发、测试等提供了可并行的基础，大大缩短系统开发的时间和成本投入。

业务建模与其他工作流程的关系主要体现在：

（1）业务模型是需求工作流程的一种重要输入，用来了解对系统的需求。

（2）业务模型中的业务实体是分析设计工作流程的一种输入，用来确定设计模型中的实体类，也是数据建模的一种重要输入。

（3）业务建模支撑工作流程的开发并维护保障工作。

实际上，业务建模并不是一种独立的系统分析和建模方法，它是借助于现有的系统分析和概念建模的方法、技术和工具，对企业业务组织和业务过程进行分析的过程。目前出现的大多数业务建模工具，主要采用 UML、IDEF 等建模方法来支撑对业务过程的分析。

3.1.2 业务建模的一般过程

建立业务模型一般按照以下过程进行。

1. 了解业务的概况

所谓业务的概况，就是需要建模的业务都有哪些，这些业务相互之间是什么样的关联关系，从而联合在一起。在这一过程中，只需要将业务机构相关主要业务梳理出来，明确这些主要业务的相互流程关系，但并非需要将每个业务环节的具体细节描述清楚。

通过了解业务的概况，可以让模型构建者对业务机构的业务有大致的了解，为后续的相关工作奠定基础。例如，可通过行业分析报告、业务规章制度、组织指责设定等资料获得业务机构的整体业务概况。

2. 寻找业务目标

业务目标是构建业务模型或者提出业务模型构建需求人员/机构的目的，是对未来构建业务模型的一个愿景。业务模型构建需求的提出者希望通过构建业务模型达到什么目标，相关业务人员希望业务模型帮助其如何完成业务工作、提高工作效率等。

在实际工作中，业务目标一般是业务组织高级领导或是软件系统项目发起人提出的。比如地方某公司或政府单位希望开发相关业务软件用于提高办公效率，节约运行成本，此时就需要收集各方对于业务模型的期望，通过对各方期望进行评估综合，从而最终确定业务建模的目标。

3. 涉众分析

所谓的涉众就是构架业务模型工作，以及业务工作本身所涉及的各岗位人员和相关事务。在这里需要明确一点，涉众并不仅仅指业务模型的构建者，还包括相关业务工作的执行者，也包括对相关业务的管理者、业务处理对象等人员，以及各相关事务。凡是与业务模型的具体业务相关的人员和事都是业务模型的涉众。如政府业务模型的涉众，既包括政府领导、政府业务相关的公务人员，还包括办理相关业务的普通百姓。

为了全面了解涉众的期望，避免遗漏涉众所关心的要求，确保业务模型在各方面都符合涉众的期望。为此应当对涉众及其对业务模型期望进行整理和分析。

1）业主

（1）业主和业务方的区别。业主是业务建模工作需求的提出方。大多数情况下业主和业务具体执行方，即业务方一致，但并不是绝对的。例如，某一企业单位构建了业务模型，但该企业并不开展相关业务，而是将业务模型提供给其他单位或部门使用。

（2）业主关心的重点。一般来说，业主更加关心模型构建的预期效益，即构建的业务模型能够为业务方提供什么服务，是否能得到业务方的满意，从而为业主带来什么样的回报，这些回报可能是经济上的回报，也可能是由于业务方业务效率提高而给业主带来的效益。

虽然这些看上去与模型构建关系不大，但预期为业主带来的效益，是业主构建业务模型的动力。一个不能达到预期目标的业务模型，是一个失败的模型。

2）业务提出者

（1）业务提出者的内涵。业务提出者是业务范围、业务模式和业务规则的制定者，一般是指业务方的高层人物。他们制定业务规则，圈定业务范围，规划业务目标。业务模型的构建需求正是业务提出者所提出的。虽然业务提出者的期望一般都比较原则化和粗略化，但是却不能违反和误解，否则系统将有彻底失败的危险。

（2）业务提出者关心的重点。业务提出者一般最关心系统建设能够带来的对于业务系统的影响、业务效率的提升、业务管理的改进等高层次、较宏观的目的。换句话说，他们更关心统计意义而不关心具体细节。实际上，由于他们的期望是非常原则化和粗略化的，因此留给了模型构建者很大的调整空间和规避风险的余地。

3）业务管理者

（1）业务管理者的内涵。业务管理者是指实际管理和监督业务执行的人员，他们一般是业务模型主要的使用者之一。

61

（2）业务管理者关心的重点。业务管理者关心的重点是业务模型构建完成后是否能实现他们的管理职能，如何能方便地得知业务执行情况，如何下达指令、如何得到反馈、如何评估结果等。业务管理者的期望相对比较细节，是需求调研过程中最重要的信息来源。业务模型建设的好坏与业务管理者的关系最多。业务流程、业务规则、业务模式等绝大部分来自业务管理者。模型开发者必须要把业务管理者的思路想法弄清楚，业务建模的结果必须与业务管理者的目的一致。

4）业务执行者

（1）业务执行者的内涵。业务执行者是指底层的业务操作人员。他们最关心的内容是业务模型构建完成后能够给他们的工作带来哪些改进。

（2）业务执行者的关注重点。业务执行者是未来业务模型的直接受益者，他们必须按照业务模型规定的过程开展工作，他们对于业务模型规定的具体业务内容、业务流程的便捷性等最为关心。

5）第三方

第三方是指与业务模型相关业务有关系，但也并非无妨的其他人或事。如医院诊疗业务模型的第三方是到医院看病的病人。一般来说，第三方的期望对系统来说不会产生什么决定性影响，但大多会起到限制作用，成为系统的一个约束。

6）承建方

承建方是指业务模型的具体开发者，在很多时候承建方除获得相应利益外，开发的业务模型的目标必须与上述各方的关切点相一致。

7）相关法规制度

相关法规制度是一个很重要的，但也最容易被忽视的涉众，包括国家和地方法律法规、行业规范和标准和业务机构内容部规章制度等。所构建的业务模型相关业务内容、业务流程等内容必须与法规制度相一致，不能有违背的地方。

4. 建立业务模型

在分析了各方期望后，就可以着手开展具体的业务建模工作，具体包括以下过程：

（1）根据各方涉众对于模型的期望，确定建模的目标，分析确定业务执行者、业务管理者及其相互关系。

（2）明确业务的管理者和执行者所需开展的具体业务工作和需处理的各项事务内容。

（3）定义业务流程，明确业务执行者、业务管理者相互间的业务工作关系及其业务执行流程。在这一过程中，应确保上述各个业务执行者和业务管理者所需开展的全部具体业务工作和管理工作都包括在内；并检查是否实现了具体的业务目标。如果没有包含全部的业务执行者、业务管理者、业务工作，则证明确定的业务流程有问题，需要重新制定流程。

（4）明确业务执行过程。针对每一业务执行者所需开展的业务工作，明确具体的业务活动，确定执行过程。

（5）对上述过程中使用到的或产生的结果进行整理，建立这些结果之间的关联关系。

（6）对于建模过程中使用到的事项进行必要的解释。

（7）确定业务范围，根据业务建模逐步完善业务模型，确保需要纳入建模范围的全部业务工作都得到建立。

上述步骤并非一次性完成，在每一个步骤中都可能导致对以前步骤的调整。即使建模已经完成，当遇到变化或发生新的问题时，上述步骤应当从头到尾再执行一次。

3.2　业务建模相关建模技术

3.2.1　基于 E-R 的建模方法

实体 – 关系（E-R）方法是 20 世纪 70 年代中期被提出的一种概念建模方法，到现在仍被广泛采用。ER 方法适合静态模型的建立，特别是数据静态关系模型的构建等。

ER 模型采用图形的描述方式，它由实体、属性和关系三个要素构成，分别用长方形、椭圆形和菱形来表示，通过线段相连构成一个概念模型。各要素的名称分别标记在各自所表示的图元符号框内。

ER 建模主要采用以下几个步骤：

（1）识别实体。如对装备及其保障资源就可抽象出实体"装备"和"保障资源"，可以用图 3-1 中的两个方框表示。

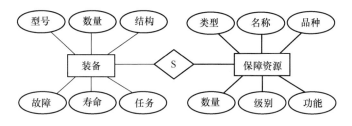

图 3-1　某装备及其保障资源的 ER 数据模型图

（2）识别关系。在识别实体的基础上，根据实体之间的语义标识相关实体之间的关系，画出初步的实体 – 关系图，并且对每一个关系根据它的语义给出一个确切的名称。如保障资源与装备的保障关系 S。

（3）识别属性。细化数据模型，如装备的属性有型号、数量、结构、故障、寿命、任务，保障资源的属性有类型、名称、品种、数量、级别（维修级别）、功能等。

通过以上三个步骤，可以画出 ER 图表示的概念模型，它最后的结果是问题域的概念数据模型。

ER 模型是一种简单实用的数据模型建模方法，它特别适合静态数据模型的构建，如数据要素模型、数据关系模型等，但它也有其局限性，主要表现在：

（1）不适合于动态模型的表示。

（2）受制于传统数据模型的限制。

这是由于 ER 模型最初是作为数据库模式设计工具而提出的，它其实是面向数据的建模方法，受到了传统数据模型——网状、层次和关系模型的局限。如在第一范式下，ER 模型对其三要素（实体、属性和关系）作了严格的区分和限制，属性依附于新的实体，必须是单值的。当属性是多值的，或者是某种构造类型值，必须构造新的实体，把属性进行分解使之成为单值的，而依附于新的实体，并建立关系。可见，当 ER 模型分析较复杂的问题时会给分析带来不必要的、更大的复杂性，而且，也不符合人们的思维习惯，缺乏自然性和直接性。

3.2.2 基于 UML 的建模方法

统一建模语言（Unified Modeling Language，UML）是通用的可视化建模语言，用于对软件进行描述、可视化处理、构建和建立软件系统制品的文档。UML 吸取了面向对象技术领域中的其他流派的长处，其中也包括非面向对象方法的影响。UML 符号表示考虑了各种方法和图形表示，删掉了大量易引起混乱的、多余的和极少使用的符号，也添加了一些新符号。因此，在 UML 中汇入了面向对象领域中很多人的思想。这些思想并不是 UML 的开发者发明的，而是开发者依据最优秀的面向对象方法和在一定历史条件下的计算机科学实践经验综合提炼而成的，UML 扩展了现有技术的应用范围。它记录了对必须构造系统的决定和理解，可用于对系统的理解、设计、浏览、配置、维护和信息控制。UML 适用于各种软件开发方法、软件生命周期的各个阶段、各种应用领域以及各种开发工具，是一种总结了以往建模技术的经验并吸收当今优秀成果的标准建模方法。UML 具有如下优点：

（1）该语言采用视图和文字相结合的表达方式，通俗易懂，便于交流和沟通。

（2）它有丰富的建模元素，有动态和静态建模机制，具有广泛的适用性和良好的前景。

（3）它的设计着眼于一些有重大影响的问题，总体上简明扼要，内部功能较全。

（4）它创建了一种对人和机器都适用的建模语言，有利于使用计算机软件实现自动化建模。

（5）UML 语言在概念模型和可执行体之间建立起明显的对应关系，有利于概念模型和计算机实现模型在构建思想上的一体化。

介绍 UML 的书籍有很多，这里只介绍它在数据建模中的应用。

UML 中能在数据建模中使用的视图有用例图、状态图、活动图、顺序图以及协作图，主要适合用于建立数据的交互关系模型。

1）用例图

用例图是从用户的角度描述系统的功能，并指出实现功能的参与者、用例以及它们之间的关系。

（1）参与者。参与者是指与系统打交道的人或其他系统，即使用系统的人或物。"打交道"则意味着参与者向系统发送消息或从系统那里获得消息的过程。参与者之间一般是泛化的关系。

（2）用例。一个用例代表了参与者所需要的一个完整功能。用例在 UML 中的定义是"系统执行的一组动作序列，这些动作可以产生一个可观察的结果，这个结果往往对系统的一个或多个参与者来说是有一定价值的。"

2）状态图

状态图是对类图的补充，它用于显示类的实例对象在一个生命周期实例期间能够具备的所有可能的状态，以及引起它们状态改变的事件。在业务模型中，可以用状态图来跟踪每项业务资源的状态以及导致它们状态改变的事件。

3）活动图

活动图用于描述业务过程，显示一系列顺序的活动。它从本质上说是一个流程图，显示从活动到活动的控制流。活动图由多个动作状态组成，动作状态是构成活动的一种基本行为单位。活动图可以用于不同的目的，比如捕获一个对象的内部工作过程，显示一组相关的动作将如何执行以及它们将怎样影响周围的对象，展示一个业务在工作者、业务流程、对象和组织等方面如何运转等。

4）顺序图

顺序图用可视化的形式表示对象间的交互作用，其侧重点是展示对象之间消息的发送。在用 UML 表示的时候，顺序图由多个带有垂直生命线的对象组成，并描述对象之间随时间的推移而交换的消息，图中时间是从上到下推移的，消息用位于垂直对象线之间带消息箭头的直线表示。

5）协作图

与顺序图的目的一样，协作图是另外一种表达对象间关系的图，除了显示消息的交换之外，协作图还显示了对象以及它们之间的关系。在实际建模时，选择顺序图还是协作图需要根据工作目标而定，如果需要重点强调时间或顺序，那么应选择顺序图；如果需强调上下文关系，则应选择协作图。顺序图和协作图被统一称作"UML交互图"。

虽然 UML 建模有许多优点，也逐步成为面向对象建模的代表，但是，它的应用还比较困难，特别是在知识工程应用方面就更突出，主要表现在：

（1）它的形式化功能还不强。UML 只是半结构、半形式化的建模语言，在形式化推理方面还有等加强。

（2）UML 模型还不能驱动仿真执行。

（3）UML 的描述图过多，造成许多麻烦。

3.2.3 基于 XML 的建模方法

XML（Extensible Markup Language）是一种可扩展标记语言，它起源于 SGML，但没有它复杂，却继承了它所有的精华。它是 Web 上表示结构化信息的一种标准文本格式。它可以提供构造网上知识库的合适的体系结构。它具有以下优点：

（1）XML 建立在 Unicode 基础上，这使它更易创建国际化的文档。

（2）语法独立，通过 XML 提供统一的语法表示和存储格式。

（3）可扩充性，可以通过对底层 DTD 或 Schema 的扩展增加新的知识表示能力。

（4）综合多种知识表示方法，可用相同的 XML 语言重写多种传统知识表示方法。

（5）可以对不同信息源的信息进行集成，并形成统一的文档。

（6）可以实现数据的结构化，允许在不同企业间进行知识交换，提供不同知识库的交换；提供知识库与数据库、应用系统等之间互换。

（7）标准化，XML 是 W3C 确定的 Internet 上的标准数据格式。采用 XML 的知识表示可以在世界范围内，定义标准化的、仅用的具备自我描述功能的数据；非常容易地通过企业信息门户向外发布，达到知识共享与交换的目的。

下面就举一些简单的应用实例。

比如要描述 GJB—1371《装备保障性分析》300 系列工作项目中的 301 工作项目——确定功能要求实施过程，可以首先建立确定功能要求实施过程的 LSA301.DTD 文件（表 3-1）。

表 3-1　确定功能要求实施过程的 DTD 格式

```
<！ELEMENT 备选保障方案的制定与评价（确定功能要求实施）＋>
<！ELEMENT 确定功能要求（确定功能要求，确定独特功能要求，风险分析，确定使用和维修
工作，设计备选方案，修正要求）>
<！ATTLIST 确定功能要求实施
实施单位 CDATA #REQUIRED
影响类型（系统设计 | 保障系统设计 | 确定保障资源要求）"保障系统设计"
工作阶段（论证阶段 | 方案阶段 | 研制阶段 | 生产阶段）"方案阶段"
>
<！ELEMENT 确定功能要求（#PCDATA）>
<！ELEMENT 确定独特功能要求（#PCDATA）>
<！ELEMENT 风险分析（#PCDATA）>
<！ELEMENT 确定使用和维修工作（#PCDATA）>
<！ELEMENT 设计备选方案（#PCDATA）>
<！ELEMENT 修正要求（#PCDATA）>
```

然后实施过程描述，简单示例如表 3-2 所列。

表 3-2　确定功能要求实施过程的 XML 描述

```
<？xml version＝" 1.0" encoding＝" GB2312" standalone＝" no"？>
<！DOCTYPE 确定功能要求 SYSTEM " LSA301. DTD">
<确定功能要求>
<确定功能要求实施 实施单位＝" 承制方" 影响类型＝" 保障系统设计" 工作阶段＝" 方案阶
段">
<确定功能要求>确定功能要求的描述</确定功能要求>
<确定独特功能要求>确定独特功能要求的描述</确定独特功能要求>
<风险分析>风险分析的描述</风险分析>
<确定使用和维修工作>确定使用和维修工作的描述</确定使用和维修工作>
<设计备选方案>设计备选方案的描述</设计备选方案>
<修正要求>修正要求的描述</修正要求>
</确定功能要求实施>
</确定功能要求>
```

从这个小示例中可以看出用 XML 来描述概念模型没有用 UML 来描述直观，而且比较烦琐，但它若用于模型文件的归档，则具有很大优势，易于存储。表 3-3 就是模型归档的 DTD 格式。

表 3-3　模型归档 DTD 格式

```
<? xml version = " 1.0" encoding = " GB2312"? >
<! ELEMENT 概念模型（模型）＊>
<! ELEMENT 模型（模型名，ID，创建人，创建日期，批准日期，描述）>
<! ELEMENT 模型名（#PCDATA）>
<! ELEMENT ID（#PCDATA）>
<! ELEMENT 创建人（姓名，EMAIL，电话，地址）>
<! ELEMENT 姓名（#PCDATA）>
<! ELEMENT 机构（#PCDATA）>
<! ELEMENT EMAIL（#PCDATA）>
<! ELEMENT 电话（#PCDATA）>
<! ELEMENT 地址（#PCDATA）>
<! ELEMENT 创建日期（#PCDATA）>
<! ELEMENT 批准日期（#PCDATA）>
<! ELEMENT 描述（EMPTY）>
<! ATTLIST 描述
UseCase ENTITY #IMPLIED
活动图 ENTITY #IMPLIED
交互图 ENTITY #IMPLIED
类图 ENTITY #IMPLIED
>
```

任何模型都有不同的表现形式，如图形、文档、数据库甚至是表格等。由上面 XML 所显示的样式，可以看到 XML 以统一的方式实现了任意复杂度的自描述结构化数据，它能很好地达到数据集成与交换这一目的。

XML 很适合解决由于一些原因造成的集成问题。首先，在平台、操作系统、编程语言等方面，它是中性的。XML 文档就是一些能够在任意平台上通过任意应用程序发送和接收的文本，就像 HTML 一样。其次，XML 是一种经过 W3C 认可的 Internet 标准，因此几乎可以在您所关心的任意平台（包括 Microsoft Windows、UNIX、LINUX 和 Macintosh 上）获得用于读取和处理 XML 文档的分析程序。第三，开发人员可以利用一些相关的标准来定义、处理和转换 XML 文档，包括"文档类型定义"（DTD）、"XPath 查询语言""文档对象模型""用于 XML 的简单 API"（Simple API for XML, SAX），以及"可扩展样式页语言"（XSL）。另外，更多与 XML 相关的标准正在审核过程中，其中包括 XML 方案，它可以提供一种定义 XML 文档的方法。

基于 XML 的建模存在以下缺点：

（1）XML 虽然是一种结构良好的、自描述性很强的语言，但是 XML 只是在形式上统一了语法，而不是统一了语义的表示。它还不具备支持语义完整性约束声明的机制。

（2）XML 语法被设计用于表示一种串行化的编码，对复杂对象语义建模的表达能力非常有限，XML 难以表示问题域中对象的概念化模型。

3.2.4　基于 IDEF 的建模方法

IDEF 是在 20 世纪 70 年代提出的结构化分析方法基础上发展起来的。它是美国空军制定的一体化计算机辅助制造计划，以解决人们对更好的分析与交流技术的需要。刚开始时，它包括三个部分：IDEF0、IDEF1、IDEF2，现在已发展到 IDEF14。

1. IDEF0 方法的核心思想

IDEF 所采用的结构化分析方法，类似于"方式 – 结果"分解方式，将系统从顶层目标逐层分解至功能、子功能、具体的活动为止，形成一棵完整的系统功能结构树。然后对于每个功能/子功能/活动层次，再分别描述各功能/子功能/活动之间的相互关系。

由 IDEF 所描述的功能模型由两部分组成：一部分是反映系统功能组成的系统功能层次结构树；另一部分是反映处于同一功能层次的各项活动之间相互作用关系的活动关系图。这里需要注意的是，活动关系图中所显示的功能活动必须与功能结构树的功能在功能的定义上和所处的层次上保持一致。一般情况下，只有系统的顶层是一个功能活动，其他层次会有多个功能活动（考虑到描述的复杂性，一般会限制在 7 个以内）。下层的功能活动关系由上层的功能活动关系分解而来，下层的活动关系受到上层次的约束。从这个角度看，也可以认为 IDEF0 所建立的系统功能模型可以用一组递阶分解的活动关系图形来表示，其递阶关系可以表示成树状结构，即功能结构树。

2. IDEF0 描述元素

IDEF0 方法是系统的功能活动及其联系的描述，其基本图形描述元素是盒子（Box），用于具体表示一项功能活动，而与盒子相连的箭头表示与功能活动相关联的各种事物，如图 3-2 所示。指向或离开盒子的四个箭头分别表示"输入""控制""输出"和"机制"。"输入"代表的是活动将要处理或转化的信息；"控制"代表的是对输入信息起着影响或支配作用的信息；"机制"代表的是活动完成的支撑，如活动由谁完成，在哪里完成等；"输出"代表的是活动的最终输出结果。它们可以是抽象的数据，也可以是具体的事物。一项活动可以没有输入，但不能既无输入又无控制。同时没有输出的活动是不符合实际情况的，因为活动的输出反映了活动的目的。

系统最顶层的活动关系图形称为 A_0 图，由于只有一个功能活动，所以用一个盒子来代表系统的内外关系。除此以外，其他各层次的功能活动数在 2 ~ 7 之间。为了明确表示每一项功能活动所处的层次和级别，以及与相同级别的其他功能活动之间的关系，会对每一张图或盒子赋予一个相应的节点号来标识该图形或盒子在层次中的位置，如图 3-3 所示。每张图的编号由其父图编号及父模块在其父图中的序号组合而成，形成"父 – 子 – 孙……"的节点编号方法。实际上，每个节点如果需要继续分解，就对应一张下一层的 IDEF0 图，按此树状结构分解就得到整个系统的功能模块图。

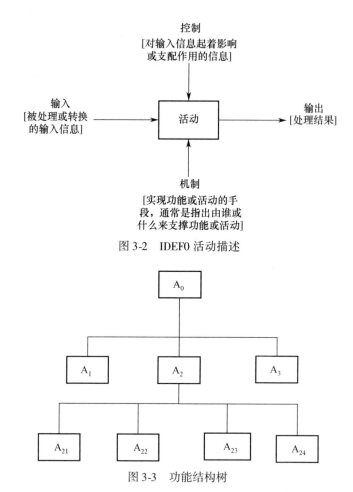

图 3-2　IDEF0 活动描述

图 3-3　功能结构树

3. IDEF0 建模过程

1）选择范围、观点及目的

明确描述系统的范围，如与环境之间的界限、与外部的接口等，给出系统建模的准确界定。明确系统建模的观点，即确定了从什么角度去观察问题，以及在一定范围内能看到什么。明确建模的目的则确定了建立模型的意图或拟达到的目标。这三个概念指导并约束整个建模过程。

2）建立内外关系图（A-O 图）

画一单个盒子，里面放上活动名，概括所描述系统的全部内容，再用进入和离开盒子的箭头表示系统与环境的数据接口，这就是内外关系图。该图确定系统边界，构成进一步分解的基础。

3）画顶层图（A_0 图）

把 A-O 图分解成 3～6 个主要部分得到 A_0 图，A_0 图表示了 A-O 图同样的信息范围。A_0 图是模型真正的顶层图，它是第一个也是最重要的一个从结构上反映模型的观点。

4）建立一系列图形

把 A_0 图中每个盒子进一步分解成几个主要部分，各部分具有更为详细的内容，依此层层细化。

5）写文字说明

每一张图应附有一定的叙述性文字说明，描述图中所不能表达或不够明确的重要内容。

基于 IDEF 的建模主要存在以下缺点：

（1）不具备可操作性。IDEF 由众多的 IDEF 图文档组成，也正因为如此，它通常被称为文档模型（Document Model）或纸面模型（Paper Model），这种以图形方式建立的文档不具备可操作性。

（2）难以利用。虽然 IDEF 能表示系统方方面面的联系，但由于数量众多，导致了这一文档模型的复杂性，即难以清晰地反映系统活动及活动间信息联系的全貌，难以准确地反映、验证活动间的信息联系，因此在设计过程的规划中无法对其进行有效的利用，不能为设计过程有效的规划提供必要的信息。

3.2.5 基于 GRASP 的建模方法

GRASP 是广义可靠性分析仿真程序（Generalized Reliability Analysis Simulation Program）的英文缩写。应用 GRASP 图形化建模方法所构建的网络图由弧和节点组成。节点表示系统瞬间发生的事件，弧表示消耗资源、时间的活动过程或逻辑关系。节点与弧的关系就是事件与活动之间的关系，事件的发生引发新的活动，活动的完成触发新的事件发生。节点与弧的有序组合就反映出系统状态的动态演化过程。业务过程描述的就是活动的集合，因此 GRASP 方法适用于构建业务流程模型。

1. GRASP 描述元素

1）节点

节点代表系统中瞬间发生的事件，如活动的开始或结束等，它是构成业务流程的基本单元，它的集合描述了业务过程变化的细节。根据节点在网络图中的作用不同，可以分为三种类型：

（1）活动节点。它既可以表示为某一业务流程的具体活动事件，也可以表示为子过程（更大的活动，还可以进行细分）的事件。子过程是一个局部的过程模型。子过程的引入使模型具有层次化的概念，同时也实现了模型的抽象逻辑结构与具体实施细节的分离。活动节点与子过程节点具体表示方法如图3-4所示。第一个节点是确定型节点，第二个节点是子过程节点，第三个节点是概率型节点。确定型节点表示其后续的活动一定会发生。而概率型节点表示其后续的活动有选择的发生。

图3-4　活动节点与子过程节点

其中n是节点编号，具有阴影的节点表示子过程。

（2）逻辑节点。是一种空节点，本身并不代表任何可执行的活动事件，它是为了更清楚地描述活动之间的逻辑关系而存在的。如控制不同活动进度的同步节点。

（3）标志节点。反映的是流程的起始与结束。起始节点也称为源节点，是业务流程的入口。而结束节点也称为汇节点，为业务流程的出口（图3-5）。

图3-5　源节点和汇节点

2）连接弧

连接弧是连接节点与节点之间的有向线段，表示的是活动的消耗过程。它由前一个节点指向后续节点，反映了节点状态的转移和业务流程网络图的演进。如果说节点元素表征的是过程模型的运行条件，那么连接弧元素表征的是模型的动态行为。根据连接弧在网络图中的作用，主要分为两类：

（1）过程连接弧。一般的连接弧都是这一类的，它主要反映节点之间的时序关系以及活动过程。

（2）数据连接弧。是针对那些没有逻辑关系，却有数据传递关系的节点进行描述的。

2. 触发机制

触发机制是对由节点和弧所构成的网络模型的运行方式及运行状态进行控制的机理，它反映出了网络图所描述的业务工作的实际运行情况。由于装备维修保障系统的业务过程是以人为主参与的行为，活动的状态具有多样性。因此，对活动状态的控制成为触发机制的关键。网络模型的运行由活动的状态来决定。只有当前一活动真正处于结束状态时，才能激活后继节点。在原有随机网络 GRASP 中，对状态的语义描述比较模糊，这里需要把隐性的活动状态以显示的方式表达出来。为此，定义了 6 种活动状态，其转移图如图 3-6 所示。

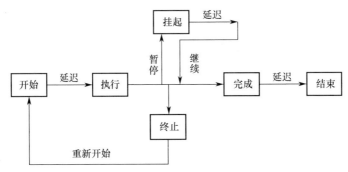

图 3-6　活动状态转移图

图 3-6 适用于网络中的每一项活动，是对每一项活动都要进行的控制。具体解释如下：当上一项活动结束后，这一项活动就开始了，但是通常不会立刻去执行，可能会有一段延迟。在活动执行的过程中，可能会出现几种情况：

（1）当活动顺利进行时，活动完成。

（2）当出现异常情况，活动终止，活动的再次执行必须重新开始。

（3）当出现一些其他情况，活动暂被挂起，不再进行。其他情况结束后，活动可以继续接着往下进行，无须重新开始，直到活动完成。活动完成之后，可能还会发生一定的延迟才移交给下一活动。此时，该活动才真正结束。

3. 执行结构

模型的执行结构反映了业务流程的运行特点，通常，业务流程的结构由顺序执行、并行执行、选择执行、重复执行等四项基本结构组成。其他的复杂执行结构可以由这四种基本执行结构组合而成。用图形元素可以将这四种基本结构描述成如下形式。

（1）顺序执行：表示多项活动是按照先后顺序进行的，如图 3-7（a）所示，当活动（3，4）执行结束后，进行活动（4，5）。

（2）并行执行：表示多项活动可以同时进行，如图 3-7（b）所示，活动（3，4）与活动（3，5）同时进行，直到两者都完成后，再进行活动（6，7）。

（3）选择执行：表示后续活动的执行是根据条件选择进行的。如图 3-7（c）所示，根据条件判断，是执行活动（3，4）还是（3，5），然后再执行后续的活动。

（4）重复执行：表示一项活动执行多次，如图 3-7（d）所示，活动（4，

5）可以执行一次或多次。

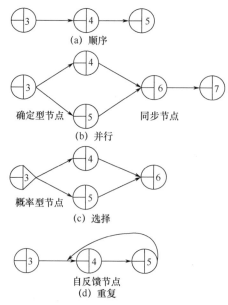

图 3-7　过程执行结构的网络描述

需要注意的是：确定型节点后面的多项活动将会并行进行；概率型节点后面的活动将有选择的进行；同步节点只是表示其前端的多项活动均在此处完成后，再进行其后的活动；自反馈节点说明活动将不断地重复进行。这样，通过这四个节点的图形方式，就可以把并行、合并、分支、反馈的含义表达出来。并行与合并的使用表示了一个并行执行过程，分支的使用表示了一个选择执行过程。

4. 模型信息

在过程模型中，活动是最重要也是最基本的组成，它的属性和信息的集合构成了模型的基本属性和信息。虽然活动的具体内容和种类多样，但可以用一个统一的结构化框架来描述，如图 3-8 所示。

图 3-8　活动的属性信息描述

（1）输入/输出信息：活动的输入、输出部分是保证当前或后续活动开始的条件，通常包括物流、资金流和信息流。在装备维修保障系统中物流主要指器材、设备与消耗品，即在活动的进行过程中将传递到仓库或基层修理单位，并最终被使用和消耗的部分，如备件、维修设备等。资金流是指由总部下拨的经费在活动中的流动。信息流是指申请计划、报表、单据、文件等。

（2）属性信息：指活动自身的属性，包括活动的标识 ID、名称、描述、类型（是活动还是子过程）以及属于哪个业务流程。

（3）控制信息：指活动的状态及其控制条件。

（4）约束信息：指活动进行的关联属性，包括活动的资源关联（资源类型）、组织关联（部门、角色）。

3.2.6　基于 Petri 网的建模方法

Petri 网由德国 Carl Adam Petri 教授于 1962 年在他的博士论文中首次提出，其最初目的是作为研究计算机系统中各组成部分之间的异步通信的数学模型。此后很多学者对其进行了深入研究和扩展，应用领域已经从最初的计算机科学的领域向系统性能评价、通信协议、离散事件系统、容错与故障诊断系统和形式化建模等多个领域发展

Petri 网是一种用托肯（token）的流动来描述系统动态过程的网，是图形化的数学建模工具。一个 Petri 网包括两方面的要素：结构要素和动态要素。结构要素包括库所（place）、变迁（transitions）和弧（arc）。库所用于描述可能的系统局部状态（条件或状态）。变迁用于描述改变系统状态的事件。弧使用两种方法规定局部状态和事件之间的关系：引发事件能够发生的局部状态；由事件所引发的局部状态转换。动态要素包括标识和系统运行规则。托肯包含在库所中，它们在库所中的动态的变化表示系统的不同状态。一个 Petri 网模型的动态行为是由它的实施规则（firing rule）来规定的。对于基本 Petri 网，当一个变迁的所有输入库所至少包含一个标记时，这个变迁才可能实施。其实施后的结果就是从它所有的输入库所中减去一个托肯，并在其输出库所中产生一个托肯（弧的权重为 1），其主要优势为：

（1）强大的建模功能。Petri 网能够较好地描述具有分布、并发和异步、并行、不确定性的复杂离散事件系统，特别适合描述复杂的资源竞争关系。

强大的建模功能主要取决于 Petri 网基于状态的建模方法，这是其他基于事件的建模方法所无法比拟的。基于状态的建模方法能够同时显性地描述状态和事件，基于状态的系统建模严格区分了活动的使能与活动的执行：活动的使能是指活动已经被允许执行，但是不一定立刻就开始执行，在使能与执行这两个状态之间还存在时间上与条件上的差别。Petri 网通过含有托肯的库所来使能相应的变迁（活动），通过变迁的触发来表示活动的执行，从而明确区分了这两种不同的状态；基于事件的方法把活动与活动之间的转移定义得十分清楚，而对于活动的状态则没有在模型中明确

体现。

（2）自然、直观的建模方式。Petri 网适合对许多建模元素（如物流、信息流、控制流和系统操作等）以统一的图形元素建模，表达方式直观易懂，对于非专业人员来说在直觉上容易理解和应用，而对于专业人员来说又提供了强大且形式化的描述能力。

（3）Petri 网模型易于转换执行程序并有成熟计算机软件的支持。Petri 网作为一种形式化建模技术，易于转换为计算机识别的执行程序自动运行。国内众多学者在各自领域的 Petri 网应用时，研究定义符合领域应用特点的 Petri 网，并致力于辅助建模分析工具的开发。国际上典型的有色 Petri 网建模分析软件包括 CPN_ Tools/Design_ CPN 和 ExSpect 等。

Petri 网除仿真应用外，还具有其他建模方法所不具备的特点，主要包括：

（1）严格的数学理论基础和多种分析方法。Petri 网是有严格定义的数学模型，Petri 分析方法可以分为基于代数分析的方法和基于运行的方法。基于代数分析的方法包括定性分析和定量分析，定性分析方法包括不变量分析、可达树分析等，定量分析包括时间 Petri 网的可达图分析、随机 Petri 网的稳态分析等。

基于运行的方法是考察系统中所有可能发生的变迁序列以及这些序列所构成的集合来分析系统的结构特性（如冲突、死锁）和动态性能（时间、稳态概率等），仿真分析即属于基于运行的分析方法。

（2）沟通多种研究方法的通用语言。Petri 网建模重点是对系统的自然表达而不是分析方法，建模的结果——模型是系统的一种形式化规范，能够作为各种分析方法的出发点，如基于时间 Petri 网的极大极小代数分析、基于随机 Petri 网的马尔可夫链（Markov）过程分析。Petri 网技术已经成为一种问题领域"与解决方法无关"的建模工具，是支持多种分析方法的载体。而传统分析方法在不同的应用角度必须建立不同的模型，与其他方法之间是难以沟通的。

（3）研究不同层次问题的通用技术。Petri 网是一个可处理不同层次问题的集成建模方法。原型 Petri 网着眼于逻辑层次的系统性能，含时间因素的 Petri 网则可以对系统在时间层次或随机特性方面的性能进行分析。

3.3　业务建模的应用

3.3.1　基于 IDEF 的业务建模应用示例

1. 维修保障业务的 IDEF 建模

装备维修保障系统的业务主要分为六块：计划与经费管理、维护与修理、器材保障、设施与设备建设、科研与训练管理、战时维修保障，采用 IDEF0 建立的装备维修保障系统功能模型如图 3-9 所示。依据这一功能划分，即可建立装备维修保障系统的业务流程 A_0 图，如图 3-10 所示。

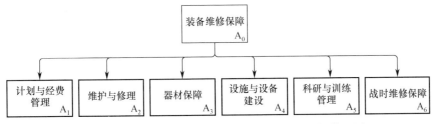

图 3-9　采用 IDEF0 建立的装备维修保障系统功能模型图

1）计划与经费管理功能

（1）机制：与装备维修相关的各项计划与经费都是由各级装备部门的业务机关参谋或助理员完成。

（2）控制：除了图 3-10 中所展示的外界环境对装备维修保障系统的约束外，装备维修保障系统内部各部门对年度计划与经费的执行情况（即图中 $A_2 \sim A_6$ 对 A_1 的反馈），也会影响到下年度计划与经费的安排。由于图形较为复杂，部分反馈信息没有显示。

（3）输入：无。

（4）输出：包括装备维修计划与经费、器材筹措计划与经费、设备筹措计划与经费、科研训练计划与经费和战备计划与经费等的长远规划和年度计划所制定的各项计划与经费只对装备维修保障系统内部各部门开展相关活动进行指导和约束，并不对外输出。

2）维护与修理功能

（1）机制：维护与修理工作赖以完成的维修设施（如维修工厂、修理所及其他维修场地）、维修设备、维修人员、管理人员等。

（2）控制：装备的大/中/小修的维修计划与经费、维护与修理的作业规程等指导并约束维修活动的开展。

（3）输入：包括维修保障需求（如待修装备、待维护装备、待改装的装备等）和备件与耗材的补充。

（4）输出：包括修竣的装备、在修理过程中产生的废弃件、在修理过程中对器材与设备产生的需求以及维修过程中产生的科研需求，并且本年度的实际修理情况会对下一年度的维修计划制定和经费预算产生影响。

3）器材保障功能

（1）机制：包括业务机关与仓库的助理员、库房管理人员、供应商/厂家，以及仓库等。

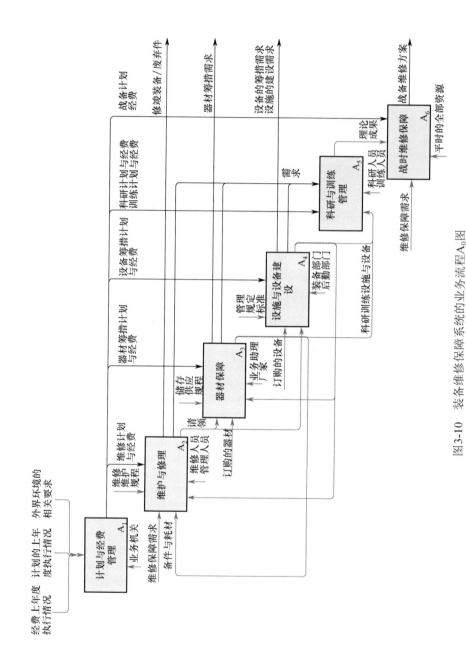

图3-10 装备维修保障系统的业务流程A₀图

（2）控制：维修器材的筹措计划及经费制约着器材的规模和范围，具体的活动则受供应标准、合同法以及储存的规程等的约束，受图形限制，没有全部标出。

（3）输入：包括维修过程中产生的器材需求和从外界订购的器材。

（4）输出：包括器材的筹措需求、器材管理过程中产生的科研需求以及对科研训练的支撑。

4）设施与设备建设功能

（1）机制：各级装备保障部门和后勤部门。

（2）控制：包括维修设备的购置计划与经费和管理规定。

（3）输入：包括维修过程中、器材管理过程中、训练过程中对设备和设施产生的需求，以及从外界订购的设备等，受图形限制，没有全部标出。

（4）输出：包括设备的筹措需求、设施的建设需求、技术科研的需求以及对 A_2、A_3、A_5、A_6的设备与设施的支撑。

5）科研与训练管理功能

（1）机制：科研与训练设施设备、器材、科研人员、训练人员、管理人员等。

（2）控制：包括计划管理、维修、器材管理、设备设施管理提出的科研需求、科研培训计划与经费。

（3）输入：无。

（4）输出：科研成果对 A_2、A_3、A_5、A_6的理论技术支撑与指导，受图形限制，没有全部标出。

6）战时维修保障功能

（1）机制：包括平时的全部资源。

（2）控制：包括战备计划与经费和科研成果。

（3）输入：维修保障方案的制定需求。

（4）输出：包括装备维修保障战备方案和对 $A_1 \sim A_5$的每一项功能活动产生影响。受图形限制，没有全部标出。

2. 综合保障业务的 IDEF 建模

以 GJB—1371 工作项目 301 确定功能要求实施过程为例来描述其战斗过程，如图 3-11 所示。

3.3.2　基于 GRASP 的装备大修业务建模

采用 GRASP 方法建立的装备大修业务流程的示例如图 3-12 所示。

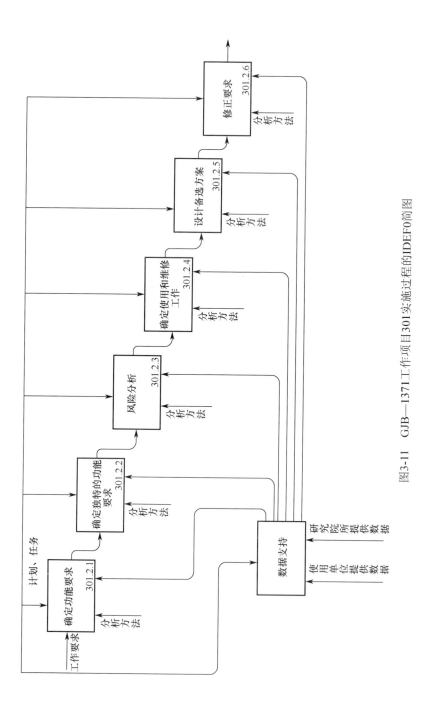

图3-11 GJB—1371工作项目301实施过程的IDEF0简图

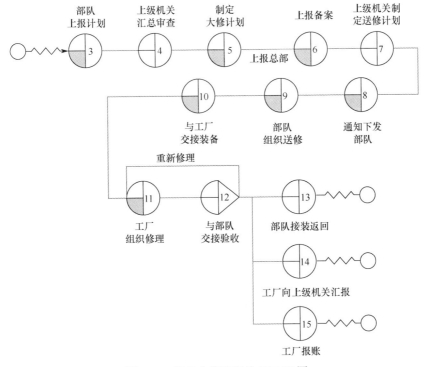

图 3-12 装备大修流程的 GRASP 图

装备大修流程示例的属性描述如表 3-4 所列。

表 3-4 装备大修流程及其信息

步骤	活动名称	活动性质	输入信息	输出信息	角色	相关部门
第一步	部队上报计划	子过程	通知	大修计划申请	业务参谋	部队业务部门
第二步	上级机关汇总审查	活动	大修计划申请	大修计划草案	机关助理员	
第三步	制定大修计划	子过程	大修计划草案	大修计划申请	机关助理员/处长	上级机关业务处
第四步	上报备案	子过程	大修计划申请	大修计划/大修通知单	业务参谋	总部
第五步	上级机关制定送修计划	活动	大修通知单/铁路运输计划	修理通知单	机关助理员	上级业务部门
第六步	通知下发部队	子过程	修理通知单	部队业务参谋	部队业务部门	
第七步	部队组织送修	子过程	修理通知单	技术人员/押运人员/大修装备	部队业务参谋	部队业务部门

(续)

步骤	活动名称	活动性质	输入信息	输出信息	角色	相关部门
第八步	与工厂交接装备	子过程	待修装备/修理通知单	交接清单	工厂计划部门/部队技术人员和押运人员	工厂
第九步	工厂组织修理	子过程	待修装备	修竣的装备/修竣通知	工厂技术人员	工厂
第十步	与部队交接验收	活动	修竣的装备/修竣通知	合格与否	部队技术人员	工厂
第十一步	部队接装返回	活动	合格	修竣的装备	部队技术人员/押运人员	
第十二步	工厂向上级机关汇报	活动	合格	修理情况	助理员/工厂	上级业务部门
第十三步	工厂报账	活动	三证	经费		上级业务部门

对于表3-4中的子过程，可以进一步描述，如图3-13～图3-17所示。

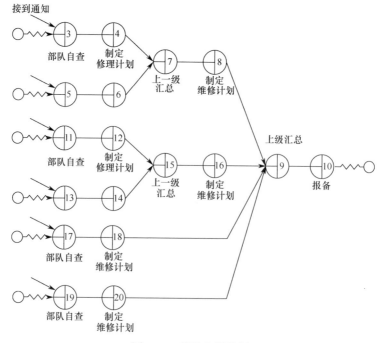

图3-13　部队上报计划

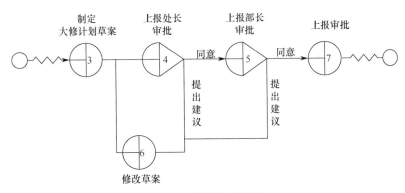

图 3-14　制定大修计划

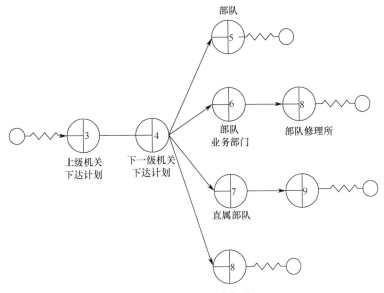

图 3-15　通知下发部队

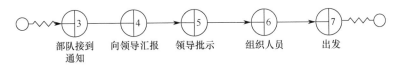

图 3-16　部队组织送修

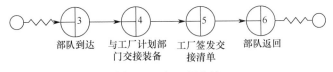

图 3-17　与工厂交接

3.3.3　面向对象的医药公司采购业务建模

采购业务是医药公司很重要的一项业务，是医药公司进销存业务中很重要的一个环节，因此要对公司的采购流程进行仔细的调研，有效地获得业务需求。采购过程中，要涉及客户（制药厂、其他医药公司等）、销售子系统和库存子系统等外部实体。采购的业务范围如图 3-18 所示。

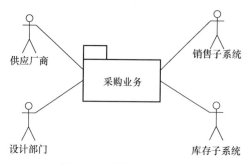

图 3-18　采购的业务范围

在确定了业务范围以后，要建立业务用例模型。供应厂商需要投标，投标的厂商要和采购部签订采购协议和采购合同，属于首次经营的企业或药品还要申请审批，而计划部门要求采购部制定采购计划。另外还包括其他的流程，如采购退货流程、进货发票流程等。图 3-19 是采购部门的业务用例图。

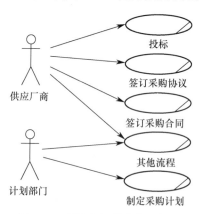

图 3-19　采购部门的业务用例图

确定了业务用例模型之后，就可以根据每一个业务用例找出业务流程。图 3-20 是制定年采购计划的业务流程图，从图中可以看出采购员和采购经理在这里的工作职责：采购员的工作职责是制定初始年计划和修订年计划；采购经理的工作职责是审批年采购计划、生成年采购计划和通知财务主管和计划部门。

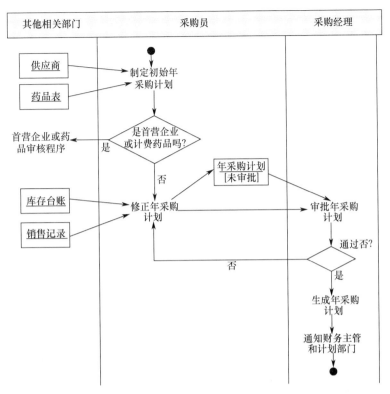

图 3-20　制定年采购计划的业务流程图

3.4　小　　结

本章从业务建模的基本概念入手，介绍了业务建模的目的及其与其他建模工作的关系，并对业务建模的一般过程进行了说明。随后对目前可用于业务建模的相关技术进行了介绍，说明了各种方法优劣，并选取当前典型的业务建模应用进行了介绍，从而帮助读者了解业务建模的概念和技术。

第4章 装备综合保障系统工程实施体系

综合保障数据模型的根本目的是为了支撑综合保障工程在装备型号中的集成化应用与实施，而装备型号中的综合保障工程是一个非常复杂的系统工程过程，其外在表现是各个相关部门之间相互协作的一个业务过程，本质上体现为各个相关部门之间业务信息的交换过程，因此构建综合保障工程数据模型，必须从装备综合保障工程的实施过程、业务流程出发，进而导出其信息结构和数据模型。从当前综合保障工程在国内实施的情况来看，总体上效果不佳的重要原因就是缺乏完整的支撑综合保障工程实施的理论和技术体系。以往国内在综合保障工程的实施上，在学习国外经验，引进相关概念、标准和技术等方面做了大量工作，但是更多关注了相关技术、方法和标准的学习与引进，却忽视了在工程实施层面开展自身体系建设的问题，从而导致方法、技术进入工程实际后得不到系统的支撑，最终不能产生重大影响。针对这一局面，本报告从综合保障工程的工程实施出发，提出了装备综合保障系统工程实施体系的概念，它是从管理、业务、过程和数据多个层面解析综合保障工程实施架构的一种概念模型，是从管理、业务和流程出发，构建装备综合保障数据模型的基础。

4.1 装备综合保障基本业务流程分析

装备型号研制过程的综合保障工程一般按照提出装备型号的综合保障要求、编制装备型号综合保障大纲、拟制装备使用保障建议书、建立装备保障性参数体系、建立装备综合保障试验与评价体系、装备综合保障评审等业务流程开展。这一基本的业务流程是一个反复迭代的工作过程，并随着装备研制过程的发展而不断推进。

4.1.1 提出装备型号的综合保障要求

装备型号综合保障要求作为装备研制中开展综合保障工作的依据性文件，应尽可能在研制阶段的早期制定，其基本要求如下：

（1）装备系统说明，描述系统的基本情况，开展综合保障工作的基本原则，综合保障工作的目的、方法及范围，综合保障工作机构的组成及其职责，综合保障评审工作要求等。

（2）使用和维修方案，主要包括装备的使用和初步维修方案，使用方案应当说明该型装备是如何使用的，它执行什么任务，在什么环境下执行任务；初步维修应当说明装备的维修策略、维修级别的划分、各维修级别的主要维修范围和维修深度等。

（3）保障性定性定量要求，主要包括保障性目标要求、与保障有关的设计特性要求（主要有可靠性要求、维修性要求、测试性要求、运输性要求等保障性要求）和保障系统要求（如保障设备利用率、备件利用率、备件可用率等），同时还应包括一些不能量化的保障性定性要求。

（4）保障性分析要求，主要包括保障性分析的主要目的、分析策略、分析范围、分析的数据来源、分析方法、分析记录的格式、分析结果应用和传递要求等。

（5）保障要素规划要求，主要包括保障系统各个要素的规划要求。

（6）保障性试验与评价要求。

4.1.2　编制装备型号综合保障大纲

该大纲是综合保障要求的展开，应规定开展型号综合保障工作的原则、目标、组织机构、总体进度安排，还应详细规定综合保障工作的各个项目，说明每个工作项目的目的、工作方法、工作所需的基本条件、工作输出的基本类型及主要作用，工作项目的具体进度安排，负责该工作项目的人员等内容。

综合保障大纲作为型号工作中有关综合保障的纲领性文件，包含下列内容：

（1）实施综合保障大纲的策略。

（2）综合保障大纲工作项目的细节，如工作项目的目的、要求、工作内容，工作方法，以前所完成的情况、工作项目执行单位或人员的具体职责以及对工作项目完成情况进行检查的方法等。

（3）保障系统各要素规划的进展计划、检查依据、检查方法等。

（4）综合保障的工作管理体系，各个机构、人员的职责等。

（5）各项工作的进度表。

（6）综合保障评审点的设置及主要评审内容。

（7）型号保障性分析计划。

（8）该计划与总研制计划和其他工作计划的关系。

（9）综合保障信息的内容、收集、传递、处理、储存、使用程序的说明。

4.1.3　拟制装备使用保障建议书

装备使用保障建议书的目的是使装备的使用方法在接装前预先做好接收装

备的准备工作，以更好地使用、维护和保障装备尽快形成战斗力。装备使用保障建议书一般包括如下内容：

（1）装备概述，如系统组成、相关质量、主要性能参数、使用维护特点等。

（2）装备技术保障专业的配备、对专业人员技术水平的要求。

（3）装备保障设备、设施的要求，如随装配套以外的维修检测设备、地面设施等。

（4）训练场地、调试及检修车间等的基础建设设施要求。

4.1.4 建立装备保障性参数体系

1. 保障性参数体系的构成

保障性要求应以定性和定量描述装备的保障性需求。由于保障性的目标是多样的，难以用单一的参数来评价，某些保障资源参数很难用简单的术语表述，因此，一般是通过对装备的使用任务进行分析，考虑现有装备保障方面存在的缺陷以及保障人力费用等约束条件，综合归纳为三类保障性参数。

1）保障性综合参数

这是描述保障性目标的参数，它从总体上反映了装备系统的保障水平。通常用战备完好性目标值来衡量，典型的战备完好性目标参数有使用可用度、能执行任务率、出动架次率。

2）保障性设计参数

这是指与装备的保障性有关的设计参数，如可靠性、维修性、测试性、运输性等参数，以及消耗品加装时间、预防性维修工作时间、维修工时率、故障检测率、故障隔离率以及运输性要求（运输方式及限制）等。

3）保障资源参数

这是指与保障资源设计有关的参数，通常包括：人员数量与技术等级，保障设备和工具的类型、数量与主要技术指标和利用率，备件种类和数量、订货和装运时间、补给时间和补给率，模拟与训练器材的类型与技术指标，以及设施类型和利用率。

2. 保障性参数与可靠性参数的关系

可靠性参数根据其特点可分为两大类：一类是基本可靠性参数，主要用来度量装备由于故障而对维修工作的要求频度或间隔；另一类是任务可靠性参数，主要用来度量装备在规定条件下、规定时间内完成预定任务的概率。从这两类参数来看，显然基本可靠性是用来度量装备对保障的需求，因此，可以认为基本可靠性参数是保障性参数的一部分；而任务可靠性参数则不能用来度量装备的保障特性，因此不包含在保障性参数之中。

3. 保障性参数之间的关系

保障性参数之间有着极为密切的关系。首先，装备系统的保障性参数一般由装备保障性参数和保障系统的保障性参数推导而来，如使用可用度参数 A_0 就是由下式计算得来：

$$A_0 = MTBF/(MTBF + MTTR + MLDT) \qquad (4-1)$$

式中　A_0——使用可用度参数；

MTBF——平均故障间隔时间；

MTTR——外场的平均修复时间；

MLDT——平均保障延误时间。

MTBF 和 MTTR 都是装备保障性参数，而 MLDT 则为保障系统的保障性参数。

装备保障性参数与保障系统的保障性参数通过设计接口进行协调，装备保障性参数与保障系统的保障性参数一起实现装备系统的保障性目标，根据装备的保障性参数和保障系统的保障性参数来确定保障资源的需求，如某一 LRU 的 MTBF 及要求的备件充足率就确定了该 LRU 在外场应当储备的数量，从而也确定了存放环境、物理空间等的要求，同时，根据备件的订货周期及订货量也就可以确定订货时间点及对运输的要求。

4.1.5　建立装备综合保障试验与评价体系

1. 试验与评价的总目标

装备综合保障试验与评价工作的总目标包括：

（1）提供在预计的战争状态下装备系统保障性的保证。

（2）检查所开发的装备系统是否有能力达到既定的系统战备完好性水平。

（3）检查装备系统战备完好性目标是否能在使用期内平时和战时使用率下实现；为了充分利用有限的资源，应在产品总的试验与评价大纲中充分考虑综合保障的有关内容，充分利用其他试验工作的结果实现上述目标。

2. 试验与评价的类型

研制试验与评价主要是一些工程试验，利用这些工程试验的结果来找出问题及解决问题的方法，通过设计手段来真正解决这些问题，从而使装备的保障性得以提高，使得保障系统的效能有所提高，使装备与保障系统能相互匹配。研制试验与评价工作主要在模拟环境下进行，其大多数工作是由总师负责完成的。

使用试验与评价主要是一些统计试验，利用这些统计试验来评价装备所达到的保障性水平，评价保障系统的效能，找出保障性水平与要求存在的差距，或验证装备系统已经达到了规定的战备完好性要求和保障性要求。使用试验与评价工作一般在外场实际环境中进行，由试验基地负责完成。

3. 评价参数的选择

在进行使用试验与评价工作时，首先应选择适当的评价参数。选择评价参数时应遵循下列原则：

(1) 选择在战术技术指标论证书、研制任务书中规定的各种参数。

(2) 选择由 (1) 项规定的参数分配和细化得出的各种参数。

(3) 参数应该有定量指标，而且是通过试验得到验证或评价。

(4) 参数的定义必须明确，不会引起误解。

4. 试验方法的选择

应根据不同的目的选择适当的试验方法。

(1) 在只有原理或试验型样机时，主要是评价原理的正确性、寻找各种设计缺陷以便找出纠正措施时，应采用实验室试验方式。

(2) 在评价装备的保障性水平和保障系统的效能时，采用外场环境下进行试验。

5. 评价方法的选择

应根据不同的目的选择不同的评价方法，评价可分为定性评价和定量评价两种。当主要目的是寻找设计缺陷时，一般应采用定性评价方法，找出设计所存在的缺陷，并对造成缺陷的原因进行认真细致的分析，从而找出消除这些缺陷的方法。当主要目的是评价装备的保障性水平和保障系统的效能时，则要采用定量评价方法，找出装备现有的保障性水平和保障系统的效能，指出是否已经满足了规定的要求，指出与要求之间存在的差距。

4.1.6 开展装备综合保障评审

装备综合保障评审的目的是在某项要素已经完成或在某一阶段评审点，对此前所做的综合保障工作做一全面检查，检查所有综合保障工作是否按有关规定完成，存在一些什么问题，对这些问题应做什么样的补救工作，是否可以转入下一阶段开展工作等。

综合保障评审可分为两种类型，即要素评审和综合评审。

1. 要素评审

要素评审是指在综合保障中某一要素的工作已经到了一定阶段时所进行的评审，如保障设备推荐清单的评审、技术资料目录的评审、技术资料初稿的评审等。这一类评审是在一个较小范围内进行的，其主要目的是及时总结前一段工作的经验，防止出现的错误扩散到下一阶段。

要素评审由装备型号主管保障工作的总师主持，参加人员包括总师系统中各有关单位的技术负责人，以及其他单位的有关专家。

2. 综合评审

综合评审是指在一个阶段向另一个阶段转移（如从初步设计到详细设计）

时所进行的评审。这一类评审通常与型号总的评审工作结合进行，而且其本身的评审内容也是多方面综合性的，此类评审要做出是否批准进入下一阶段工作的决策。

总师单位应根据综合保障计划中有关订购方主持的评审制定综合保障计划。在计划中还规定总设计师系统内部评审的项目、目的、内容、主持单位、参加人员、评审时间、判据、评审意见处理等。综合保障评审要与其他有关联的评审工作结合进行，评审资料应提前送交参加评审的单位和人员，提前的天数应在合同中明确，同时在合同中要规定遗留问题的处理程序。

4.2　装备综合保障工程应注意的问题

在装备型号中实施综合保障，是一个复杂的系统工程过程，该过程涉及多方的参与、多层次的管理、多个过程的迭代和多种技术的应用。综合保障工程的实施，必须明确以下内容。

1. 明确订购方、承制方的职责、分工和主要工作内容

在实施综合保障工作之前，必须明确各个参与方在整个型号项目的综合保障工作过程中所承担的职责、任务、主要工作内容，以及所具备的业务权限和需要的资源，这是协调好整个工作过程的基础，也是保证综合保障工作过程顺利开展的前提条件。目前我军在这一问题上是不明确的，GJB—3872 对这一问题进行了初步的规定，但它与 GJB—1371 标准存在不协调、不匹配甚至冲突的问题，所以在实施中遇到了难以操作的问题。

2. 明确装备综合保障工作的详细工作流程

我军 GJB—1371《装备保障性分析》中对开展综合保障工程的工作流程进行了详细的定义，对工程应用具有非常好的指导意义，但该标准的编制参考了美军 MIL-STD-1388-2A《保障性分析》的有关内容，在实际的操作中发现，该标准虽然详细定义了装备保障性分析的各项工作，但存在职责定义不清、任务分工不明确、数据定义模糊的问题，这也造成了该标准参考意义高，但具体操作困难的不足。关于明确装备综合保障工作的详细工作流程的问题，为了提高工作流程的工程指导性，必须将各参与方工作职责和工作项目结合起来定义，并明确各方的交互关系，只有这样，才能提高操作性。

3. 明确工作流程中涉及的信息交互关系

装备的综合保障工作过程是一个基于信息、知识的交换的动态过程，每个工作项目都具有输入信息和输出信息集合，这些信息的定义，对每项工作过程的具体工作目标、过程和方法都具有重要意义。以往的工程实践中，工作重点强调了工作的过程、流程和方法，忽视了工作信息交互关系，从而造成各个工作单元信息接口的不明确，进一步导致工作关系不清晰，这也是造成工作过程开展困难的原因。目前 GJB—1371 中虽然定义了各个工作项目的输入输出信息，但没有很详细地定义信息的输入、输出来源和对象，所以造成信息交互关系不明晰。

4. 明确工作交互信息的内涵

交互信息的内涵、要素、属性的定义，对于综合保障每项工作项目的工作细节意义重大。GJB—3837《装备保障性分析记录》是一个定义装备综合保障工作过程的信息结构的标准，该标准对信息的组成、关系和数据单元都进行了详细定义，但该标准缺乏对 GJB—1371《装备保障性分析》标准所规定过程的对应关系的说明，实际上很难将两个标准进行很好的匹配。而且该标准是在分析美军 MIL-STD-1388-2B 的基础上，结合我国国情对数据关系和要素进行了剪裁和调整，反而弱化了两个标准的内在匹配关系。

这些是关系综合保障工程能否顺畅地融入装备型号研制过程，真正在装备型号研制中发挥作用的关键问题。纵观以往国内开发的多种综合保障工作平台软件，在工业部门也得到了积极的推广，但最终应用效果均非常不理想。通过与工业部门交流，他们反映的问题也主要归结为上述问题，也即这些系统往往只注重了各种保障性分析技术的功能实现，忽视了对整个系统业务流程的管理与控制，忽视了与型号研制流程的集成，特别是其数据结构主要面向的是分析技术层面的数据需求和数据关系，无法体现业务关系之间的信息交互，这必然导致综合保障工程过程与型号研制流程的脱节。正是因为这些问题的出现，随着国内对装备综合保障工程化应用深入开展需求的不断上升，对装备综合保障数据模型的研究与开发提出了更为急迫的需求。

4.3 装备综合保障系统工程过程实施体系

如前面所述，型号中的装备综合保障工程是一个复杂的系统工程过程，装备综合保障工程的实施应当总结以往工作中的经验教训，从更加系统、更加全面的角度，面向装备型号研制过程的业务活动，面向型号研制流程，重新设计和规划综合保障工程的理论与技术实施体系，并开展缺项建设，夯实基础、构建环境，从而使得综合保障工程的工程化应用得以真正融入装备型号研制过程，影响装备保障性的设计。

基于装备综合保障工程的标准、模型和综合集成的需求，从管理、业务、过程和数据四个层面出发，装备综合保障工程的系统工程过程实施体系如图 4-1所示。

从该装备综合保障工程的系统工程实施体系来看，整个实施体系包含了管理层、业务层、过程层、数据层四个层次。

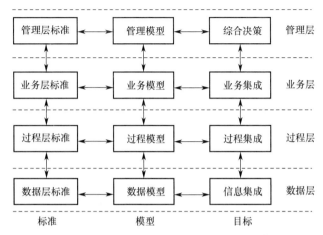

图 4-1　装备综合保障工程的系统工程实施体系

4.3.1　管理层

在装备综合保障工程的系统工程实施体系中，管理层是整个体系的最高层，该层次主要包含综合保障工程的顶层政策、法规、标准、管理模型和决策模型，主要定义了装备综合保障工程的大政方针、实施要求和管理要求，并提供综合保障工程的管理体制、管理模式等的指导，是装备综合保障工程实施的依据、指导和指南，也是综合保障工程实施的管理基础。

目前在管理层面，综合保障工程的标准、法规、政策等还很缺乏，GJB—3872《装备综合保障通用要求》虽然从定位上属于管理层标准，但内容上更接近业务层标准，对综合保障的宏观管理职能、程序和要求等规定不足，另外该标准本身不具备强制性，因此难以拥有管理层标准应当具备的功能，与美军的一些高层指令文件相比，差距很大。另外，从综合保障的管理上来看，国内对之缺乏工程经验，而综合保障工程作为一项全系统、全寿命的系统性工作，对管理体制、管理组织、管理机制、管理模式等有较高要求，需要建立相对科学合理的管理模型来指导整个管理过程，以通过科学的管理实现综合保障工程对装备研制过程的科学决策作用。总之，国内对综合保障工程的全面实施还需要加强管理层面的建设，尽快出台适用的管理层文件、法规或标准，并提高强制性，加大投入开展综合保障管理模型的研究和探索，为综合保障工程的实施营造良好的管理环境。

4.3.2　业务层

业务层是装备综合保障工程系统工程实施体系的第二层次，也是该体系中的关键层次，该层次的目的是定义装备综合保障系统工程过程的业务标准、业务模型，并实现综合保障业务的集成。这一层次能够明确综合保障工程各个干系方的职责和业务，明确工作内容和业务关系，保证综合保障工程过程的业务开展。该层次也是该体系的特色所在，它是业务驱动的系统工程过程思想的具体体现。

业务层要素是在总结以往综合保障工程实施过程中的经验和教训而提出的，国内目前在综合保障的工程化应用，遇到的最大问题就是业务模型的不明晰。在标准方面，GJB—3872《装备综合保障通用要求》包含了对业务的说明和定义，但其描述较为笼统，仅从订购方和承制方交代了各方的工作要点和职责，对于双方各项工作之间输入输出关系描述较粗，另外跟装备型号研制流程的衔接和协调关系没有说明，难以对订购方和承制方的业务工作形成有效的指导。在业务模型方面，国内对从业务建模思想出发，面向业务过程集成开展综合保障业务建模工作重视不够，研究和投入都不够，也没有形成较为权威的综合保障业务模型，这也对综合保障工作的开展非常不利，也是影响下一步全面应用的核心问题。在业务集成方面，国内外近些年开发的多种综合保障集成化应用平台软件在国内工业部门都得到了应用，但效果并不理想，主要原因也在于这些软件的开发，主要以保障性分析的功能实现为出发点，以对现有标准的支撑为目标，虽然功能全面，但在应用中无法有效地针对不同用户提供与其业务流程匹配的功能，对业务流程的支持严重不足，另外与企业现有工程信息系统的融合也不好，所以应用推广效果不理想。归根到底，这些信息系统的开发不是基于业务流程分析和业务模型的，更多地来自保障性分析的技术层面，或者说更多地采用了传统软件系统从功能出发的设计开发思路，这样的设计必然难以满足业务集成的需要，虽然功能很强很全面，但在型号应用中却不能满足型号管理过程和业务流程的需要，推广应用阻力重重。近年来，企业信息集成的思路已经逐渐开始由"从信息和功能出发，自下而上进行集成"的思路向"以业务流程出发，自上而下进行集成"的思路转变，这是企业信息集成技术在经历了大量失败教训后所取得的宝贵经验，也是未来企业信息集成的基本思路。综合保障工程作为一项系统工程，在推广应用中同样应当转变思路，重视业务集成的需要，真正实现自身业务需要与企业整体业务过程以及信息集成过程的全面融合，这将是综合保障工程得以成功应用的关键。

4.3.3 过程层

过程层是装备综合保障工程系统工程实施体系的第三层次，也是该体系的操作层次，该层次的目的是定义装备综合保障系统工程过程的核心工作项目以及工作流程，规范保障性分析的基本流程直接为保障性分析过程提供指南，也是综合保障业务层模型的进一步细化。

该层次的核心是保障性分析的各项支撑技术及其相互关系。该层次包括三个重要元素，即标准、模型和集成工具。在标准方面，GJB—1371《装备保障性分析》是该层次的核心标准，该标准主要规范了保障性分析的核心工作内容和工作要点，还规定了装备研制过程各个阶段的保障性分析工作以及工作的基本流程。该标准规定了 5 个系列 15 项具体的保障性分析工作，明确了各项工作的输入与输出，也解释了在装备研制的不同阶段，应当采用的保障性分析流程。该标准从工作流程上对保障性分析进行了详细定义，对保障性分析工作具有很好的指导作用。该标准的不足之处在于对诸多工作描述不够详细，对相关实际工作的指导意义不足；另外该标准也没有从业务建模的思路来给出保障性分析的业务交互关系，在相关工作的实际应用中较难操作。总的来讲，GJB—1371 对综合保障工程的指导意义非常重要，是目前国内开展综合保障工作的基本指南，它实际上规范了装备综合保障工程的工作项目，提供了较为成熟的综合保障的工作流程模型，对综合保障工程的开展提供了完整的过程指导。

在过程集成方面，以 GJB—1371 为指南，国内近年来开发了多种综合保障工作平台软件，如可维 ARM、CARMES、典型装备综合保障工作平台等，这些软件的工程化应用对推动综合保障工程的应用发挥了重要作用。但近年来的应用表明，国内和国外的该类软件在工程实践中都遇到了较为严重的瓶颈问题，主要表现就是与企业产品业务过程的集成以及与企业信息环境的集成问题。现有的软件大多是从综合保障过程层面的模型出发，进行功能实现的，这造成软件的运行与管理模式与企业产品研发的业务流程不能很好融合，不便于企业应用与管理；另外大多数软件具有很强的独立性，与其他信息平台的集成问题考虑较少，软件进入企业后与企业已形成的信息集成环境难以有效互联互通，最终形成了自动化孤岛。这些问题说明，以往的应用开发思路已经难以满足工程需要，从业务层面出发，自上而下地改造综合保障过程模型，实现业务与过程的无缝衔接，最终真正落实综合保障业务与企业业务过程的无缝集成，这是今后综合保障工程软件开发和应用的正确思路。本报告的主要工作就是在现有保障性分析流程的基础上，通过业务建模思想和方法，对保障性分析流程进行改造，强化保障性分析的业务过程，并在此基础上导出综合保障的数据模型，最终实现综合保障数据支撑环境的改进和完善。

4.3.4　数据层

数据层是装备综合保障工程系统工程实施体系的支撑基础，它主要包含综合保障工程的数据标准、数据模型，并为实现综合保障与其他专业工程的数据集成，营造综合保障数据环境提供支撑，是装备综合保障工程的信息交换和集成的基础，也是建立和开发装备综合保障工程软件支撑环境的基本依据。在该层次中，综合保障数据模型是其核心的要素，它是系统业务模型在信息集成层面的具体实现，也是综合保障数据层标准与业务模型、过程模型相互融合、得以落实的载体，同时也是实现综合保障工程集成化应用系统的数据基础。

根据上述装备综合保障工程的系统工程实施体系模型，目前来看，国内在多个方面还有很大欠缺。在标准方面，目前综合保障的数据层标准主要是参照美军 MIL-STD-1388-2B 制定的 GJB—3837《装备保障性分析记录》，该标准的编制并非来自于对综合保障业务流程的梳理，而主要来自于保障性分析技术层面的数据需求，内容以各项保障性分析技术的数据为主，对数据关系、数据交互过程以及业务数据的定义非常欠缺，因此难以支撑工程化的综合保障工程过程；同时该标准对 GJB—1371 的过程模型也难以形成良好的支撑作用。事实上也正是因为这些原因，国内目前还没有一款工程化软件对该标准形成良好支撑。

根据装备综合保障工程的系统工程实施体系，装备综合保障数据模型应当从装备综合保障业务模型出发，通过业务建模过程，实现对数据结构、数据元素和数据交互关系的解析和定义，从而最终生成更加符合工程应用环境的综合保障数据模型。

从装备综合保障数据模型的建模过程应当以装备综合保障业务模型、过程模型的建立为基础，并通过对业务模型和过程模型的清晰定义保证业务过程与工程实践的高度一致性，在此基础上通过对业务交互数据的分析，从数据交互、数据元素、数据描述等方面进行业务数据模型的构建，最终形成支撑综合保障业务过程的数据模型。

需要说明的是，综合保障数据模型的建模过程应该是一个密切结合实践，反复多次迭代的过程，可以根据所掌握的知识和信息的详细程度来建立不同粒度的数据模型，随着工作过程的深入，结合对工程实践的调研，可以由粗到细，最终实现详细的、可以支持具体工作开展或信息系统建设的综合保障数据模型。

4.4　小　　结

本章着重介绍了装备型号的综合保障工程实施过程，分析了综合保障工程在实施中需要注意和明确的问题，从工程化实施的角度出发，构建了装备综合保障工程的系统工程过程实施体系，描述了该体系各个层次要素的内涵和作用。该体系的构建为综合保障工程在型号项目中的深入实践提供了一个总体框架，为该领域支撑条件建设与完善提供了基本思路，有助于促进综合保障工程在装备型号中的深入推广与应用，也有助于该领域理论方法与工程实施体系的发展建设。

第5章 装备综合保障业务工程理论

如前面所述，根据装备综合保障的系统工程实施体系，当前从工程实施的角度来看，以系统工程理论与业务建模理论出发，对装备型号工程中装备综合保障业务运行过程的模型化分析工作，还很欠缺，对型号项目中的装备综合保障业务的理解、界定与描述缺乏规范、统一的标准，缺少理想的业务参考模型协助装备综合保障工程技术与管理人员进行工程实践参考，同时也制约了装备综合保障工程的信息化发展。因此，对装备综合保障系统工程实施体系中业务层标准和模型的建设，是当前国内在该领域的发展重点，是承上启下、解决综合保障工程化实践的关键。为解决装备综合保障工程在工程实践中的瓶颈问题，在借鉴业务工程理念的基础上，我们提出了装备综合保障业务工程的理论概念；结合装备综合保障工程的活动属性对装备综合保障业务工程的内涵进行了探讨；构建了装备保障业务工程的体系结构框架；对装备保障业务工程研究意义进行了阐释，为装备保障系统的分析和认知提供了新的思路。

科学技术尤其是信息技术的高速发展及其在军事领域的广泛应用，推动战争形态由机械化战争逐步向信息化战争转变，并由此引发军队体制、军事科学、作战理论及作战样式的变革。装备保障作为作战系统的重要组成部分，也逐步呈现出主体多元、对象多元、协调困难、任务多变等特点，保障空间扩大，保障关系复杂保障信息增加，传统的装备保障模式面临挑战。如何适应新军事变革的要求，满足信息化条件下的作战需求，实现装备保障效能的整体跃升，已成为当前装备保障领域亟待研究解决的问题。为此，引入业务工程理论的概念，本章将对该理论在装备综合保障工程中的应用给以具体分析。

5.1 业务工程理论

业务工程（Business Engineering，BE）的提法，最早来源于 Thomas 和 Andrew 所著的《SAP R/3 业务蓝图：理解供应链管理》。根据书中的阐释，随着信息技术的发展，全球公司都正在充分利用信息技术以快速地改变他们从事业务的方式，在过去，信息技术只是被简单地用来自动化某些现有的业务功能，但是现在信息技术被用来改进甚至完全改变业务的运作模式，这种方法就称为"业务工程"。

业务工程的主要目的是实现企业业务流程的模型化和知识化，并通过对模型的不断完善来优化业务流程，即通过研磨和裁剪现有的业务流程，重构和建立更为敏捷和有效的业务运行模式。业务工程是实现企业业务集成和信息集成的基础，业务工程不仅仅是自动化现有的流程或改进现有的组织，它是基于信息技术对业务流程进行再思考和重塑，有助于企业在自动化各个领域之前，充分利用信息技术简化、整合和重组某些流程，将面向流程的企业解决方案和信息技术结合起来。

业务工程建立在"业务蓝图"的基础上，通过运用一套完整的业务建模思想和方法，参照业务蓝图（业务参考模型），从不同的角度对整个企业的功能、组织、过程、信息、资源等进行描述，构建企业业务模型，用以模拟企业运行的实际情况，分析企业存在的问题，帮助企业进行业务流程的重组和持续改进，从而完成企业的设计或再设计。

业务工程是与业务流程再造（Business Process Reengineering，BPR）紧密相关的。BPR 理论是 Hammer 和 Champy 于 20 世纪 90 年代初提出的，他们认为：信息技术的发展以及知识经济的出现，旧的组织结构和运行机制已经不适应新技术革命的需求，需要对旧的管理组织模式进行重新审视和设计，其主要内容是重新设计企业的业务流程以适应信息技术渗透与应用的要求，使企业因为信息技术的应用而取得显著的效益。业务工程可以看作 BPR 过程逻辑的下一步。BPR 强调采用信息技术使组织中的某项职能（如制造、财务或者生产）能够自动运行，而业务工程则侧重于利用信息技术对企业业务执行中相互连接的步骤或流程进行设计或再设计，并通过这种方式支持整个组织的重新设计。

5.2　装备综合保障业务工程概念

从装备综合保障领域学术研究的现状来看，有关装备综合保障组织结构与业务运行的系统研究及模型化分析仍处于起步阶段，缺少从装备综合保障工程全局对系统本身进行科学认知和全面分析的理论与方法；对装备综合保障业务运行的理解、界定与描述缺乏规范、统一的标准；缺少完整的业务参考模型来协助装备综合保障专业人员理解业务运行机制和进行信息系统的需求工程；装备综合保障业务的评价、改进与设计缺少有效的方法和手段，需要尽快构建系统、实用、科学的理论体系和方法体系，来指导和支持装备综合保障工程实践活动。在这样的背景下，从业务工程理论出发，对装备综合保障的业务流程进行分析研究就显得尤为迫切，并具有重要的意义。

装备综合保障作为在装备全寿命周期中，系统考虑装备保障问题的一项组织、管理与技术活动，其具体实施过程涉及装备的订购方、承制方和使用方的密切协同，涉及大量工程技术领域的综合，包含影响装备保障的各项设计与分析工作，因此是一个开放的动态复杂系统，称为装备综合保障实施体系。该实施体系的复杂性决定了其建设与发展必须建立在对其本身的内部关系和活动进行科学认识和全面研究的基础之上。为此，在吸收和借鉴现代企业管理先进理论与技术的基础上，将业务工程理论及方法应用于对装备综合保障工程化实践的分析与研究，提出了装备综合保障业务工程（Integrated Logistics Support Business Engineering, ILSBE）的概念。

　　装备综合保障业务工程，是从业务工程理论出发，通过运用特定的分析方法和建模工具，对装备综合保障实施体系的业务结构和业务运行过程进行全面的分析、描述、设计和改进，从而更为有效地实现装备综合保障工程的总体目标。装备综合保障业务工程的目的是通过对装备综合保障实施体系的要素及业务过程进行全面的分析和规范化描述，形成系统完整的装备综合保障业务模型和建模方法，建立科学、实用的装备综合保障业务组织与实施指导理论，为全面理解和掌握装备综合保障业务属性与运作规律，实现装备综合保障实施体系的逐步优化与持续改进提供支持，为适应技术与管理手段的发展，推进装备综合保障的工程化和信息化建设奠定基础。

　　对装备综合保障业务工程概念的理解应把握以下几点。

　　（1）以业务标准为依据。装备综合保障的工程化实施是一个专业性很强的复杂系统工程过程，与装备现有的研发体系和研发过程紧密关联并且互相影响，为了降低工程化实施过程中可能存在的冲突和风险并提高信息共享能力，国内外均通过颁布相关的军用或工业标准对综合保障实施的工作流程等进行规范，以便提高不同类型项目实施中的一致性并降低整个实施过程的技术风险，因此装备综合保障业务工程应当以军队和国防工业现有的法规标准为主要依据，并通过业务建模活动进一步实现业务过程的规范化和标准化，提升综合保障业务流程的可操作性。当前国内装备综合保障现有的标准对综合保障的工作职责、工作流程和过程数据模型等进行了初步的规范，具有一定的参考性，在此基础上，通过对综合保障业务过程的工程化改造和实施，可以落实相关标准的要求并检验标准的可操作性，对于综合保障相关标准的修订以及未来进一步完善我国装备综合保障的整个标准体系，提高标准的指导性和可参考性都具有重要的现实意义。

　　（2）以业务流程为主线。从业务运行角度看，装备综合保障的总体目标的实现，依赖于其实施体系内各项业务的有效运行，而每一项业务流程又是由一系列前后衔接、连续执行的子业务构成，任何业务流程的执行都涉及工程实施体系内组织、资源、功能、过程、信息等各类要素。传统的业务建模方法多基于职能考虑，主要通过优化职能分工与强化职能专业化来提高各职能部门的效能。但由于缺乏内在的协调机制，各部门的效能最佳往往并不意味着系统整体效能最佳。装备综合保障业务工程强调以装备综合保障的业务流程为主线，目的是将执行装备综合保障工程的各个业务流程作为分析对象，围绕某项业务流程对业务执行所涉及的工程组织结构、职能设置、信息流向、资源配置等问题进行全面研究，将实施体系内相对分散的各类专业要素贯穿起来综合分析，避免局部或孤立地考虑问题，从而更为全面地把握实施体系的运作规律，更加精准地把握各个装备保障性设计分析活动之间的影响和作用关系，最终将保障影响设计的理念落实到工程实践中去。

（3）以业务建模为基础。装备综合保障涉及多个主体方，为提升装备的保障性和保障能力。围绕装备及其保障系统的规划与设计而展开的全部活动，其工作对象涵盖了装备从论证、研制、生产、使用、保障直至退役报废全过程中与装备的使用、维修、供应与管理有关的各种保障活动，其业务内容繁多、关系复杂。因此，其实施体系的分析、设计与改进应建立在对其业务运行过程进行准确界定和规范描述的基础上，通过构建系统和科学的业务模型，对其业务运行过程进行规范。装备综合保障工作的复杂性、边界的开放性、组织协调关系的多样性，决定了仅从一个方面、一个角度或仅靠一个模型难以清楚地描述某项业务运行的全部内容，而往往需要建立一组模型，每个模型表述业务运行的某一方面问题。如业务组织模型反映与业务相关的组织结构，包括管理结构、指挥结构等组织结构模型；业务结构模型定义各方的业务职能范围与结构；业务交互模型用于描述各个参与方的业务交互过程，反映各方的协作关系等；业务信息（数据）模型用于描述伴随业务运行产生的信息和数据的流动，并反映业务执行中各个参与方的指挥、协作、报告、执行、反馈等情况；资源模型则反映与业务运行相关的系统资源变化情况。所有这些模型组合在一起，才能全面地描述和概括一个复杂体系运行的全貌。当然，业务建模过程可以根据研究对象的特点，选择使用的模型类型和建模的具体方法。

（4）以业务改进为目标。装备综合保障业务工程的最终目的是通过改进和优化内部关系和业务运行，提升装备综合保障实施体系的工程化执行能力，最终高效落实装备综合保障工程的根本目标。因此，在构建业务模型、规范描述业务运行过程的基础上，需要对业务运行情况进行评估和分析，进而发现系统组织结构及业务运行中存在的问题和不足，并通过设计或再设计改进现有业务流程，实现业务的持续改善和系统逐步优化。以装备保障性和保障能力的提升为最终评价标准，在进行业务过程的评价与改进的过程中，装备综合保障业务工程强调积累和总结实践的成功经验与方法，并通过将这些方法条理化和系统化，使其上升为具有普遍意义的理论和可操作性强的方法体系，为装备综合保障的工程化实施体系的建设和发展提供科学、实用的指导。

5.3 装备综合保障业务工程体系结构

装备综合保障业务工程研究的是多学科知识综合运用与创新的过程，不仅涉及装备保障领域的专业知识，还涉及系统科学、管理科学、计算机科学等多个学科，是一项综合性很强的研究工作。为了将装备综合保障业务工程的内容有机地结合起来，我们提出了装备综合保障业务工程体系结构（Integrated Logistics Support Business Engineering Architecture，ILSEA）的概念。

　　装备综合保障业务工程将装备综合保障实施体系的组织结构和业务运行作为整体加以研究。为了便于分析、管理和组织，将装备综合保障业务工程分成 4 部分：业务界定、业务分析、业务建模和业务改进。这 4 部分前后衔接、依次进行，构成了整个业务工程的研究内容。装备综合保障业务工程体系结构框架如图 5-1 所示。

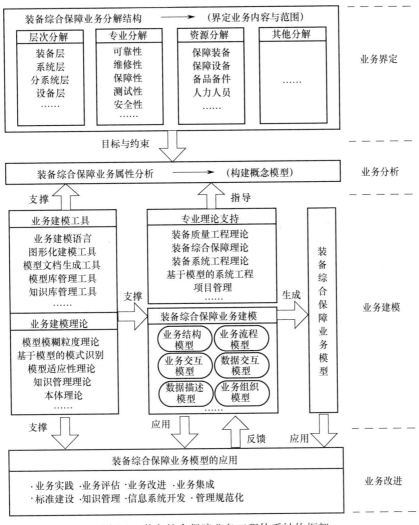

图 5-1　装备综合保障业务工程体系结构框架

（1）业务界定。装备综合保障实施体系结构复杂，其业务过程又涉及各种学科专业的综合，具体业务涉及的工作内容繁多，因此按照现代项目管理的思想，对业务范围的界定是实施具体业务过程的第一步。装备综合保障工程的业务工作的开展可按照装备层次、工程专业、保障资源以及具体业务内容等进行不同的划分。业务工程的首要步骤，是对研究的业务内容进行界定，明确业务对象及工作范围，设定业务内容的粒度属性，对所要涉及的领域及问题进行约束和细化。

（2）业务分析。业务分析主要对业务流程的组成要素、运行目标、协同关系及动态变化等进行分析。通过澄清业务运行涉及的相关概念，识别对业务运行发挥关键作用的核心流程，对复杂业务流程进行梳理和抽象，以掌握业务运行方式、规律及特殊性；明确业务流程做什么（what）、怎么做（how）、谁来做（who）、何时做（when）、用什么工具做（tools）等基本问题。业务分析的作用在于为业务工程理论及方法在特定领域内的应用寻找契合，并用自然语言完成对业务流程的定义和理解，为业务建模提供依据和指导。业务分析通常由项目管理人员、工程技术人员和装备综合保障专业人员共同来进行，最终形成业务流程的概念模型和框架设计。

（3）业务建模。业务建模主要通过构建业务流程的业务结构模型、业务流程模型、业务交互模型、数据结构模型、数据交互模型、数据描述模型、业务组织模型、业务资源模型等，从不同的角度对业务运行涉及的各个要素和核心过程进行全面描述，从而系统、规范地反映业务运行情况。业务建模所建立的模型可以包含很多种类型，例如业务结构模型描述业务的内容和范围，属于系统功能类模型；业务流程模型描述业务的工作流程，属于系统过程类模型；业务交互模型说明业务主体之间的交互过程，数据交互模型描述业务过程中的数据生成与交换过程，这两种模型属于系统交互类模型；数据结构模型、数据描述模型定义业务交互过程中的数据结构以及数据元素的内涵，是系统信息类模型；业务组织模型定义业务流程中的组织结构关系，属于系统结构类模型；业务资源模型描述业务流程可以利用的资源等。业务流程模型、业务交互模型和数据交互模型是各类业务模型中最重要的模型，这是因为它们能够清晰说明各类业务活动的具体执行过程、交互过程和信息的传递过程，对于全面刻画系统的行为特征和工作流程细节最为重要。在实际的建模过程中，各类业务模型的建立没有统一的方法要求，但采用标准化建模方法更有利于知识共享、模型重用和信息化，因此应当优先选用具有广泛通用性的业务建模方法。另外，本书中所提出的各种类型的业务模型也并不是各自完全独立的，根据采用的建模方法和具体建模需要，各类业务模型也是可以合并或扩展的，例如系统的业务交互过程与数据交互过程往往是统一的，因此这两种模型可以合二为一，统称为业务交互模型。除此之外，装备综合保障业务工程的框架是开放的，它强调从不同角度分析和描述装备综合保障业务过程，但不局限于上述模型类型，其他从不同角度描述业务流程的模型也是可以引入的。

业务建模依赖于成熟的业务建模工具的支持，其中包括业务建模语言、图形化建模工具、模型文档生成工具、模型库管理工具和知识库管理工具等；而模型模糊管理粒度理论、模型适应性理论以及面向模型的模式识别等建模理论，则为业务模型的构建提供指导。业务建模工具及理论不仅直接用于业务模型的构建，还可以用来支持和协调装备综合保障业务的评估与改进，因而建模理论及建模工具的研究和开发，也属于业务工程的重要内容。

业务模型仅描述和反映某一项业务流程的运行情况及运行规律，而通过考察和分析某一类相似或相关业务流程的业务模型，抽取其公共特征并对模型加以优化，就形成了业务参考模型。业务参考模型给出了某一类业务流程的通用结构、基本内容、建模构件及建模原则与指南，反映一定范围内的业务内容，对于构建某一类业务流程的业务模型，具有很好的参考、指导甚至直接应用价值。因此，应在设计和建立业务模型的基础上，逐步构建装备综合保障业务参考模型，用以支持装备综合保障领域的业务模型构建和工程实践应用。

（4）业务改进。业务改进主要强调在充分应用装备综合保障业务模型指导装备综合保障的工程实践的基础上，应进一步完成对装备综合保障业务过程的评估、改进、集成等优化设计，并支持装备综合保障信息系统的开发，推进综合保障业务管理的规范化、信息化，并对装备综合保障业务知识进行积累和管理，建立装备综合保障知识库和规则库，增强工程技术人员对装备综合保障理论与方法在装备研发过程中的运用能力。

业务改进以业务模型作为参考和依据，建立在对装备综合保障实施体系业务结构及业务流程进行准确定义、科学认识和规范表达的基础上；同时，结合业务流程的优化设计过程，及时反馈信息，对业务模型进行逐步修改和补充，进一步完善业务模型。

5.4　装备综合保障业务模型构建原则

装备综合保障业务是为实现装备保障目的而进行的一系列逻辑相关的业务活动，装备综合保障业务过程，属于特定领域内附加了某种业务规则的过程，是为了实现装备保障性目标而进行的一系列业务活动组成的过程结构；装备综合保障业务过程的输出是满足军事使用需求的装备保障性水平和配套的保障系统，也可以说就是装备的保障能力。装备综合保障业务过程模型是对装备综合保障业务过程的形式化描述，包括装备综合保障各项业务活动之间的逻辑关系以及完成业务活动所需的资源等。为确保业务过程模型正确、全面反映业务过程的执行情况，同时也为业务过程改进和调整提供有效的支持，装备综合保障业务过程建模应把握以下原则：

（1）如实反映业务过程情况。业务过程模型最重要的作用在于记录过程的执行情况和抽象过程之间的交互关系，为业务分析人员理解和把握业务过程的结构及交互过程提供参考。因此，业务建模应如实反映业务过程，并建立模型与现实业务活动之间的映射关系。

（2）明确业务过程划分标准。业务分析的目的与对象不同，会导致对业务过程解析度要求的差异。换句话讲，就是指构建某个业务对象的过程模型时，要明确对业务过程进行分解和层次划分的标准，明确要将业务过程细化至何种程度，以及过程模型中应包括哪些基本要素。

（3）合理地设置业务过程节点。业务过程节点是业务过程执行中的关键决策环节或评审点。在业务过程建模中，通过合理设置节点，有助于考察某项业务过程的阶段性执行情况。

（4）精细化业务环节的输入、输出。每个业务环节的输入和输出既能刻画每个业务环节的功能和作用，界定各个业务职能的边界，也是实现各个业务环节相互关联从而形成完整业务流程的关键。对各个业务环节的输入和输出进行精细化定义，可以清晰地描述各个业务环节的工作界面和接口，也可以减少业务职能之间的相互重叠和冲突，减少业务过程中的责任不清、目标不明等潜在问题，为业务流程重组与优化提供更大灵活性。

5.5　装备综合保障业务建模过程

根据5.2节提出的装备综合保障业务工程的概念，针对装备综合保障工程的具体工程实践，我们从装备综合保障工程的核心标准文件出发，采用理论分析与应用研究相结合的方法，采取图5-2所示的基本流程构建装备综合保障业务模型。

从装备综合保障业务模型的建模过程可以看出，整个建模过程分为两个大的阶段，第一阶段主要是进行装备综合保障的业务分析，它包括业务组织分析、业务角色分析、业务项目分析、业务职责分析和业务管理活动分析，这一阶段的工作是一个反复迭代的过程，需要通过不断的迭代来使得对装备综合保障的工程实施体系有更加清晰明确的认识，这一过程需要各相关方的参与，便于实现不同领域知识的集成，并在各个参与方之间达成共识，保证后续业务模型与工程实践的高度一致性。这一阶段的准确与否，会直接影响综合保障业务模型的有效性。第一阶段的研究工作将通过专家评审来进行确认，通过专家评审后进入第二阶段。第二阶段主要进行业务模型的构建，包括业务结构模型、业务流程模型、业务交互模型、业务数据交互模型、业务组织模型、业务数据描述模型等的建模过程，第二阶段的成果将最终形成装备综合保障的业务模型体系。

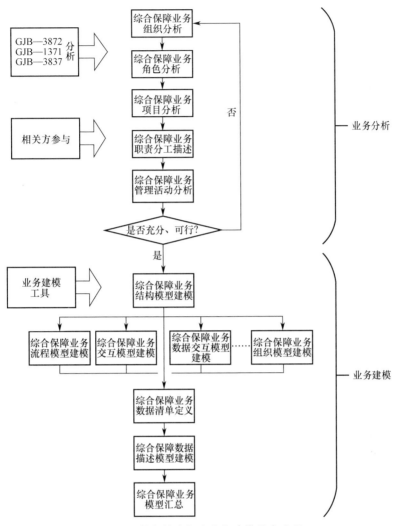

图 5-2　装备综合保障业务建模基本流程

需要说明的是，装备综合保障业务模型的建模过程是一个密切结合工程实际、反复多次迭代的过程，也是一个可以剪裁的过程，可以根据具体型号项目以及所掌握的知识和信息的详细程度来建立不同粒度、不同规模的业务模型。随着工作过程的深入，结合对工程实践的调研，可以由粗到细，最终实现较为详细的、具有工程实践指导意义的装备综合保障业务模型。

5.6　小　　结

业务工程通过对企业业务流程的模型化和知识化，来实现对企业业务流程重塑和优化，是实现企业业务集成和信息集成的基础。装备综合保障工程作为装备系统工程的重要组成部分，其工程化实践有必要通过引入业务工程理论来实现业务流程的模型化，并为业务流程的优化和信息化提供基础。本章对业务工程理论在装备综合保障领域的应用进行了基础研究，并提出了从业务工程角度研究装备综合保障工程过程的理论，建立了装备综合保障业务工程的基本概念及体系结构框架，结合装备综合保障系统的特殊属性和业务运行特点，对业务工程的概念、内涵及方法进行拓展和丰富，并对装备综合保障业务模型的构建原则和建模过程进行了说明。

装备综合保障业务工程基于装备综合保障业务组织与业务流程的准确界定和规范描述，并通过多种建模方法，从多个视角构建装备综合保障业务模型，业务模型具体作用包括以下方面：业务模型为装备综合保障专业人员提供了装备综合保障业务的全景视图和业务流程的规范化描述，有助于更好地理解装备综合保障实施体系的结构和运行过程；业务模型有助于对装备综合保障业务进行深入分析和研究，发现业务过程中存在的不合理环节，为分析不同业务的活动和交互提供支持；业务模型能够为装备综合保障业务的改进和优化提供直接的依据和支持，可以有效地提高业务过程改进的针对性和有效性；业务模型本身既可成为装备综合保障工作重要的知识库和规则库，也能够为装备综合保障实施体系的建设提供一个稳定的反映业务运行情况的体系结构；稳定、健壮、可扩展的业务模型，可以直接用于装备综合保障相关应用系统开发的需求工程，指导和辅助装备综合保障信息系统建设。

装备综合保障业务工程理论对装备综合保障这一复杂系统工程的研究与实施提供了一种新的思路，对于促进装备综合保障的工程化发展和持续改进具有一定的参考价值和指导作用。装备综合保障业务工程的研究还处于起步阶段，许多基础性理论和方法有待于深入和突破，后续研究需要针对流程分析、模型构建、业务评估、参考模型的管理与应用等，尽快建立系统全面、操作性强的理论、方法及标准体系，为装备综合保障业务工作的实践提供指导和支持。

第6章　装备综合保障业务模型

　　装备保障性分析是装备综合保障工程的核心工作，GJB—1371《装备保障性分析》定义了装备保障性分析的工作流程与工作内容，是指导装备综合保障工程实践的关键标准。该标准明确了装备保障性分析的主要工作项目，包括工作项目目的、工作项目要点、工作项目输入和工作项目输出等。该标准是从具体工作内容层面上规定了装备保障性分析的工作流程，但并没有从业务工程的思想出发，系统梳理各个参与方对各项工作的职责、任务和信息交互，形成保障性分析至关重要的业务模型。本章按照第4章构建的装备综合保障系统工程实施体系以及第5章提出的装备综合保障业务工程理论，从业务建模的思路出发，应用业务建模方法，对GJB—1371的5大系列工作进行业务分析与建模，并最终形成装备综合保障工程的业务模型体系。

6.1　装备综合保障总体业务结构模型

　　业务结构建模主要描述在装备型号的研制过程中订购方、承制方各自的业务内容和范围。装备综合保障作为装备型号研制、生产、使用与保障全过程的一个有机组成部分，既是整个型号工作大系统的一个分系统，同时其本身也构成一个复杂系统，整个业务过程涉及订购方、承制方、使用方三个业务角色。但是在具体的工程实施中，订购方是武器装备的采购方，是装备型号研制过程中综合保障工作的主导方；承制方是装备型号研制过程中综合保障工作的主体，其中总师单位是承制方的牵头单位；使用方是装备型号定型后综合保障工作的评审和实施者。

　　由于在GJB—1371中，重点关注的是装备在研制过程中的装备综合保障工作，而在其装备综合保障业务的四个阶段（论证阶段、方案阶段、工程研制与定型阶段、生产阶段及部署使用阶段）中的各项工作均没有涉及使用方，因此，装备综合保障总体业务结构模型可以根据订购方和承制方的工作内容定义如图6-1所示。

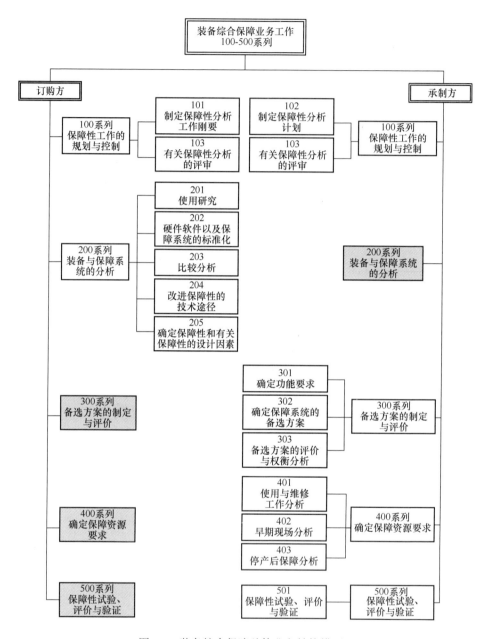

图 6-1　装备综合保障总体业务结构模型

从装备综合保障总体业务结构模型可以看到，订购方和承制方在装备研制过程中，共承担 5 大系列共计 15 项工作项目。其中 5 大系列工作是按照工作规划与控制、系统分析、方案制定与评价、资源要求确定、试验评价与验证的系统工程思路顺序进行的，反映了装备研制过程中综合保障工程工作的基本业务逻辑，并且这一工作逻辑在装备研制的全寿命周期过程中是反复迭代进行的，但是在不同阶段订购方和承制方开展的具体工作项目应根据所处的寿命周期阶段进行适当的剪裁。图 6-1 中灰色的方框表明了某一方参与该系列工作，为该系列工作提供必要的信息支持，其中订购方对参与的工作提供要求、必要信息以及审查意见等。

6.2　装备综合保障总体业务流程模型

作为装备综合保障工程的核心业务流程，装备保障性分析过程是一个贯穿装备全寿命周期的、反复迭代的系统工程过程。当然，这一过程是以 5 大系列业务工作中不同的业务工作项目组合来开展的，并且在装备研制的不同阶段，这一过程的工作内容和业务流程是有所区别的。图 6-2 建立了装备综合保障总体业务流程模型，模型定义和描述了装备寿命周期各个阶段装备保障性分析过程的具体工作内容和工作流程，模型中体现了装备综合保障业务流程的以下主要特点。

（1）横向贯穿装备全寿命周期。在装备从论证、方案、工程研制与定型、生产阶段及部署使用的全寿命周期中，各阶段均需开展相应的装备保障性分析工作，不断细化装备保障方案和保障系统的设计。在这一过程中，装备的保障方案不断细化、具体化，保障系统的配置也不断明确和得到优化。在论证阶段，保障性分析工作重在形成初始的装备保障性设计要求和保障方案框架；在方案阶段，重点对装备保障性要求的可行性和科学性进行进一步的分析论证，对设计要求进行进一步的细化分解，并形成更加具体细化的保障方案；在工程研制与定型阶段，随着装备设计细节的不断明晰，装备保障性分析将以更加全面和细化的方式进一步迭代和完善之前保障性分析的结果，为装备未来部署使用后的保障问题提供更加可行和具体的保障方案，并为保障资源的研制提供需求分析；在生产阶段及部署使用阶段，装备保障性分析工作的重点是为装备的部署提供初始的保障方案和保障资源配置，同时在装备使用中结合装备使用数据，通过定期开展保障性分析过程进一步改进和优化装备保障方案及保障系统配置，不断提高装备可用度水平和保障效益。在这一过程中，每次迭代过程并不是对上一次分析过程的推翻重来，各项业务工作都是在继承前期成果的基础上结合装备设计的进化进行校准、细化和优化，从而使装备的保障方案和保障系统设计不断与装备设计保持一致，并影响装备的设计。需要说明的是，在装备寿命周期各个阶段，装备保障性分析工作根据各阶段装备设计的状态，确定不同的工作目标，并选取不同的工作项目，因此各阶段装备保障性分析工作的内容和过程是各不相同的。

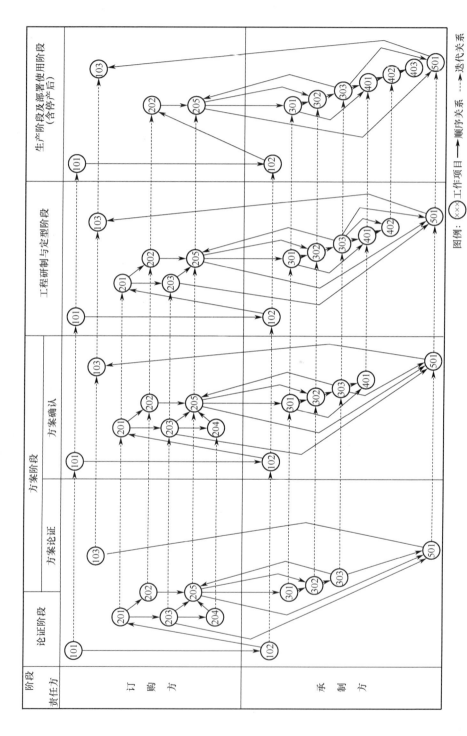

图6-2 装备综合保障总体业务流程模型

（2）纵向按照保障性分析流程逐次深化递进。保障性分析工作是紧密伴随装备研发过程的系统工程过程，也是装备保障系统经历论证、设计和形成的过程，因此保障系统的演化过程是与装备系统的演化过程相互匹配的。在装备研制的不同阶段，装备系统的状态是不同的，装备保障性分析的深度和广度是受装备系统本身发展程度的制约的，并且两者是密切协同的。在装备研制的早期阶段，如论证和方案阶段，装备的设计处于早期状态，缺乏详细的结构及具体设计信息，那么装备保障性分析将以确定装备的保障性要求、确定初级的装备保障方案为目标而展开，因此 200 系列工作是这一阶段的主要工作；而在装备研制的后期阶段，如装备工程研制与定型阶段，装备的具体设计细节更加明确，结构和各子系统的设计逐步确定，此时装备保障性分析工作的更加全面深入，并将以确定更加具体和细化的装备保障方案为目标，全系列分析工作全面展开，但 300 系列、400 系列和 500 系列工作是此时的主要工作；在部署后阶段，装备的设计是明确的，此时的保障性分析工作以与主装备配套的保障资源及整个保障系统的详细设计与优化为工作重点，并考虑停产后的保障问题，所以此时 100 系列、200 系列工作被极大简化，以 300 系列、400 系列和 500 系列工作为重点。除了工作范围和重点的不同之外，不同阶段相同的工作项目，在工作的深度上也是不同的，如早期阶段保障性分析可以针对装备的系统级展开，而到后期阶段则可以深入至部件级甚至零件级。

（3）是订购方和承制方分工协作的过程。从装备综合保障业务流程模型可以看到，装备综合保障业务工作是订购方和承制方共同参与、明确分工和相互协作的工作过程。订购方作为武器装备的需求方，重点关注装备保障环境、保障性要求的分析与确定，并对整个保障性分析工作进行跟踪与评审，因此其工作重点是 100 系列和 200 系列业务工作；而承制方作为武器装备的设计与生产方，主要以满足订购方提出的设计要求，切实全面贯彻装备综合保障工程思想，提高装备保障性为主要责任，工作重点是 300 系列、400 系列和 500 系列业务工作。但这种分工并不是绝对的，实际上每项业务工作的开展，都是双方共同参与的，只是在每项工作中的角色和参与的程度有所不同。

6.3　100 系列工作项目业务模型

6.3.1　100 系列工作项目业务分析

保障性分析 100 系列工作项目是保障性工作的规划与控制。作为保障性分析的启动阶段，保障性分析 100 系列工作项目的主要工作是提供正式的对保障性分析工作的规划与控制活动，提出对保障性分析工作的总体性要求，形成保障性分析计划并对保障性分析计划进行评审和修订，最终形成可执行的保障性分析计划，用于对整个保障性分析工作的管理与控制。在这个总体目标下，具体需要开展三个工作项目：101——制定保障性分析工作纲要；102——制定保障性分析计划；103——有关保障性分析的评审。

1. 工作项目101——制定保障性分析工作纲要

1）主要目的

尽早制定一项保障性分析工作纲要，明确具有最佳费用效益的保障性分析工作项目及子项目。

2）工作要点

（1）为新研系统和设备制定预期的保障性目标，确定完成这些目标的风险，并形成文件；确定在系统和设备所建议执行的保障性分析工作项目及子项目；确定执行每个工作项目及子项目组织机构的建议。根据下列因素确定保障性目标及工作项目和子项目：

①新研系统和设备可能的设计方案、维修方案、使用方法以及对各种设计方案和使用方法中的可靠性、维修性、使用与保障费用、保障资源和战备完好性的粗略估计。

②执行保障性分析工作项目和子项目时，有关战备完好性、使用与保障费用及保障资源等数据的有效性、准确性及相关性。

③执行保障性分析工作项目及子项目对设计的可能影响。

（2）在给定的规划费用及进度约束条件下，估计执行所确定的保障性分析工作项目及子项目的费用及其效益。

（3）根据分析结果、型号的决策及进度变化，修正保障性分析工作纲要。

2. 工作项目102——制定保障性分析计划

1）主要目的

制定保障性分析计划，以确定并统一协调各项保障性分析工作项目；确定各管理组织及其职责，并提出完成各项工作项目的途径。

2）工作要点

（1）制定保障性分析计划，说明如何实施保障性分析，以满足分析工作要求。保障性分析计划的详细程度应同系统和设备寿命周期各阶段相适应。计划的内容包括：

① 完成保障性分析工作的方法。

② 保障性分析工作的管理组织及其职责。

③ 需完成的保障性分析工作项目及如何执行该工作项目的说明。

④ 每一项保障性分析工作项目的计划进度，并明确与各有关工程专业活动之间的进度关系。

⑤ 保障性分析工作项目和数据与系统及其综合保障有关的工作、数据接口的说明。适用时，该说明一般包括对核毁伤危害的考虑，以及所要求的分析及数据与下列工程专业工作的分析和数据的接口：系统和设备设计；可靠性；维修性；人素工程；标准化；元器件及零件控制；安全性；包装、装卸、储存及运输性；初始备件供应；测试性；生存性；技术资料；训练与训练设备；保障设施；保障设备；试验与评价。

⑥ 确定实施保障性分析的产品结构层次并形成文件。实施保障性分析的产品清单及其选择准则。清单中应包括所有推荐与没有推荐进行分析的产品及其理由。

⑦ 将保障性和有关保障性的设计要求送交给设计人员和有关人员的方式。

⑧ 将保障性和有关保障性的设计要求送交给转承制方的程序以及在这种情况下所采取的控制措施。

⑨ 保障性分析资料的修改和审批程序。

⑩ 对订购方和转承制方、供应方提供的设备（包括保障设备）、物资的保障性分析的要求。

⑪ 评价每个工作项目的状况和控制的程序（现有程序适用时），明确每个工作项目执行单位的职责。

⑫ 确定和记录影响保障性的设计问题或缺陷的程序、方法、控制及纠正措施。

⑬ 承制方记录、分发和管理保障性分析及有关设计资料的信息收集系统。

⑭ 订购方提供给承制方的资料。

（2）根据分析结果、工作进度及其工作内容的变化，修正保障性分析计划，并由订购方批准。

3. 工作项目 103——有关保障性分析的评审

1）主要目的

为承制方制定一项对有关保障性分析的设计资料进行正式评审和控制的要求，该要求应保证保障性分析工作的进度与合同规定的评审点相一致，以达到保障性和有关保障性的设计要求。

2）工作要点

（1）制定设计评审程序（在没有现成程序时）并形成文件。该程序应适时地对保障性分析提交的设计资料进行正式评审和控制。该程序应规定与保障性要求有关的接收或拒收判据、把评审结果记录成文的方法、要提交的评审设计文件的种类和每个评审机构的权限等。

（2）在系统和设备设计评审（方案设计评审、工程设计评审及定型设计评审）中均应进行保障性和有关保障性的设计要求的正式评审。承制方与转承制方及供应方一起确定评审日程并通知订购方。每次设计评审结果应形成文件。评审一般应包括以下议题：

① 按工作项目及产品结构层次所进行的保障性分析。

② 对建议采用的设计特性的保障性评估，包括保障性、费用、战备完好性的主宰因素及新的或关键的保障资源要求。

③ 对下述内容中已考虑的、建议采取的或者已采取的改进措施：a. 备选保障方案；b. 系统和设备的备选方案；c. 评价及权衡分析结果；d. 与现有系统和设备对比分析结果；e. 建议采取或已采取的设计或重新设计措施。

④ 保障性和有关保障性的设计要求（同技术规范一起评审）。

⑤ 达到保障性目标值的程度。

⑥ 保障性分析文件的编制情况。

⑦ 影响保障性的设计、进度或分析方面的问题。

⑧ 有关保障性的设计建议及论证。

⑨ 其他的议题。

（3）在型号评审中均应进行保障性和有关保障性的设计要求的正式评审。型号评审一般包括综合保障管理小组会议、可靠性评审、维修性评审、技术资料评审、试验综合评审、训练大纲评审、人素工程评审、系统安全性评审及供应保障评审等。承制方与转承制方及供应方确定评审日程并通知订购方。每次评审结果应形成文件。拟定的议题应包括前述工作要点（2）中所列的内容。

（4）按照保障性分析工作的进度，对执行保障性分析的情况进行评审。承制方应与转承制方及供应方确定保障性分析工作评审的日程并通知订购方。每次评审的结果应形成文件。保障性分析工作评审应确定并讨论保障性分析工作的各个有关方面，评审内容要比设计和型号评审更详细。拟定的议题应提出前述工作要点（2）中的内容。

6.3.2　100 系列工作项目业务结构模型

从对 100 系列工作项目的工作要点来看，在 100 系列工作中订购方主要负责对保障性分析工作提出纲领性要求，并制定保障性分析计划的评审程序和标准，并组织相关评审；承制方主要负责根据订购方制定的保障性分析工作纲要，编制保障性分析计划并参与订购方组织的评审。每个工作项目都有若干工作项目要点，每个项目的工作项目要点就是双方需要承担的具体工作，100 系列订购方和承制方所要承担的工作项目和具体工作内容如表 6-1 所列。

根据表 6-1，分别建立订购方和承制方 100 系列工作项目的业务结构模型（图 6-3）。

表 6-1　100 系列工作项目具体工作内容

工作项目		具体工作
订购方承担的工作	101——制定保障性分析工作刚要	1. 制定保障性分析工作纲要 2. 费用估计 3. 修正保障性分析工作纲要
	103——有关保障性分析的评审	1. 制定设计评审程序 2. 设计评审 3. 型号评审 4. 保障性分析工作评审
承制方承担的工作	102——制定保障性分析计划	1. 制定保障性分析计划 2. 修正保障性分析计划
	103——有关保障性分析的评审	参与保障性分析评审

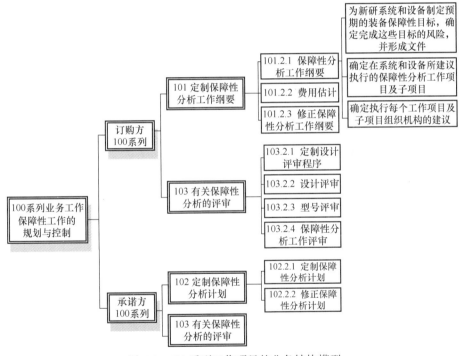

图 6-3　100 系列工作项目的业务结构模型

6.3.3　100 系列工作项目业务交互模型

明确了订购方和承制方的业务结构和各项工作及子任务后，就需要理清双方的业务是如何开展的，也就是要明确工作项目的输入和输出，即建立业务交互模型。

以工作项目 103 为例，该工作项目的输入有 5 项，分别是：

（1）关于设计评审、型号评审及保障性分析工作评审的安排。

（2）提前发给订购方的各种评审通知要求。

（3）评审结果的记录方法。

（4）订购方与承制方对评审中出现的有争议的问题的处理方法。

（5）需提供的资料项目。

该工作项目的输出有 4 项，分别是：

（1）制定的评审程序。

（2）每次设计评审的议程和记录结果。

（3）每次型号评审的议程和记录结果。

（4）每次保障性分析评审的议程和记录结果。

将订购方任务、工作项目输入、工作项目输出、承制方任务综合在一起，可以得到工作项目 103 输入输出一览表，如表 6-2 所列。

表 6-2　工作项目 103 输入输出一览表

订购方	工作项目输入	工作项目输出	承制方
1. 制定设计评审程序 2. 设计评审 3. 型号评审 4. 保障性分析工作评审	1. 关于设计评审、型号评审及保障性分析工作评审的安排 2. 提前发给订购方的各种评审通知要求 3. 评审结果的记录方法 4. 订购方与承制方对评审中出现的有争议的问题的处理方法 5. 需提供的资料项目	1. 制定的评审程序 2. 每次设计评审的议程和记录结果 3. 每次型号评审的议程和记录结果 4. 每次保障性分析评审的议程和记录结果	参与评审

根据表 6-2，采用顺序图方式建立工作项目 103 的业务交互模型，如图 6-4 所示。

依此思路分析其他 2 个工作项目，最终可以得出 100 系列的 3 个工作项目的业务交互模型，如图 6-5 所示，每个工作项目的开展都是相对独立的，但结果可能影响着下一项工作，因此该模型不是序贯工作模型。

根据 100 系列工作的业务交互模型，可以看到其交互关系中共包含了 22 项业务交互数据，其中 101 系列涉及 6 项交互数据；102 系列涉及 9 项交互数据；103 系列涉及 7 项交互数据。箭头方向表明了业务数据的需求方和提供方。101 系列中，订购方需向承制方提供业务数据；102 系列中，在承制方开始制定保障性分析计划之前，订购方要向承制方提供 7 项业务数据，否则制定和修订保障性分析计划无从谈起；103 系列中，在订购方每项评审后，承制方均要反馈结果。

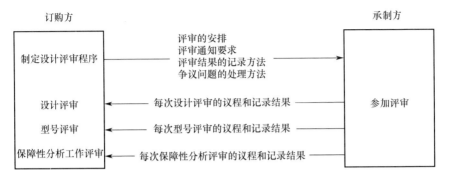

图 6-4　工作项目 103 的业务交互模型

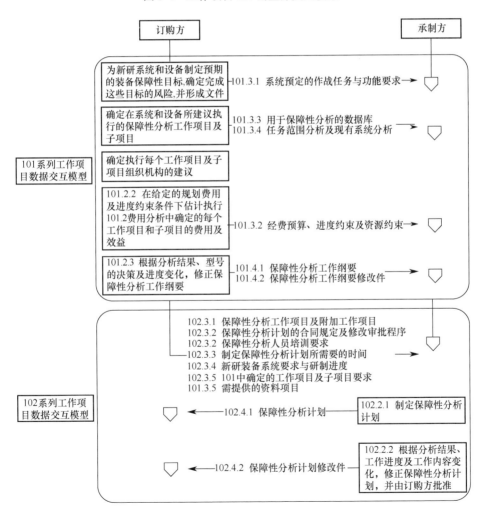

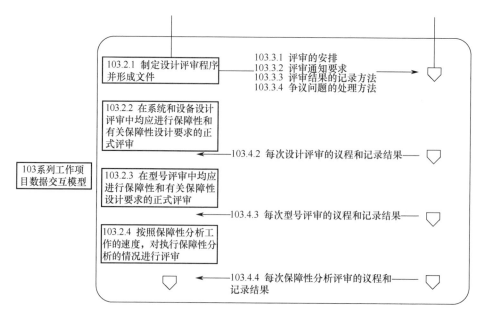

图 6-5　100 系列工作项目的业务交互模型

6.3.4　100 系列工作项目业务数据结构模型

业务交互模型确定后，可以对业务交互过程中的交互数据进行汇总和梳理，再用结构树来描述 100 系列的数据结构，其中数据元素来源于对工作项目的输入与输出的分解。

根据对 100 系列 3 个子项目的分析，可以明确订购方与承制方之间的业务分工与业务关系，可以得出订购方和承制方 100 系列工作项目的业务数据结构模型，如图 6-6 所示。

订购方 100 系列的业务数据结构模型由三部分构成，其中子工作项目 101 包含 7 项业务数据，主要定义订购方对装备保障性分析确定的要求及约束；子工作项目 102 包含 6 项业务数据，主要定义有关保障性分析计划的有关信息；子工作项目 103 包含 5 项业务数据，主要是对保障性分析计划及其他工作的评审记录等。承制方 100 系列的业务数据结构模型由两部分构成，其中子工作项目 102 包含 2 项业务数据，子工作项目 103 包含 3 项业务数据。每一项业务数据的详细定义，还需要通过业务数据描述模型来进行进一步的说明。

6.3.5　100 系列工作项目业务数据描述模型

由前文可知，业务数据描述模型是装备综合保障工作过程中业务信息交换的基础，也是建立和开发装备综合保障工程软件支撑环境，实现装备综合保障工程信息化的基本依据，其来源于业务交互模型和业务数据结构模型，需要从

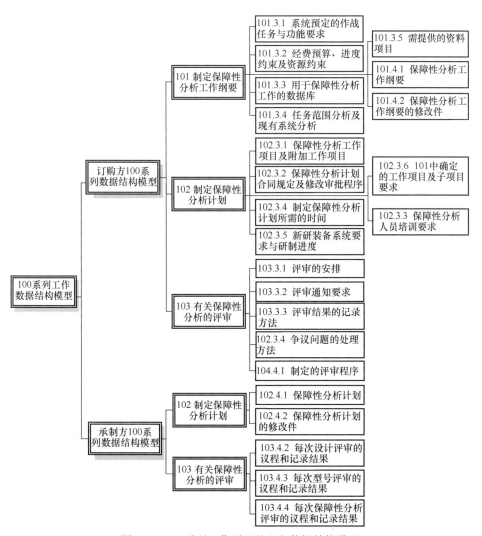

图 6-6　100 系列工作项目的业务数据结构模型

业务工作的实际情景出发，考虑工作人员的需求，对各种业务数据进行要素细化和参数化，最终形成对各项业务数据的全面描述。业务数据描述模型可以采用 E-R 模型来进行表达，限于篇幅，为便于清晰描述，本书采用数据元列表的方式来表达综合保障工作的业务数据描述模型。

通过对 100 系列各项工作项目的分析，依据业务交互模型和业务数据结构模型，对业务数据结构模型中的每项数据元素进行分解，分别针对订购方和承制方，建立订购方 3 个子工作项目、承制方 2 个子工作项目的业务数据描述模型，如图 6-7、图 6-8 所示。

101.3.1 系统预定的作战任务与功能要求 / 1

= 任务代码
　任务名称
　任务类型
　任务说明
= 系统或设备代码
　功能要求说明

101.3.2 经费预算、进度约束及资源约束 / 2

= 系统或设备代码
= 约束代码
　约束类型
　约束描述

101.3.3 用于保障性分析工作的数据库 / 4

= 数据库代码
　数据标准
　数据库名称
　数据库软件名称
　数据库软件版本
　数据库描述

101.3.4 任务范围分析及现有系统分析 / 5

= 任务编号
　任务范围描述
　现有有关系统的分析

101.3.4 需提供的资料项目 / 5

= 资料项目代码
　资料项目类型
　资料项目名称
　资料项目内容
　资料项目描述

101.4.1 保障性分析工作纲要 / 7

= 系统或设备代码
= 执行工作项目编号
　工作项目名称
　工作项目描述
　子项目名称
　子项目描述
　初步的保障性目标

101.4.2 保障性分析工作纲要的修改件 / 8

= 系统或设备代码
= 执行工作项目编号
　工作项目描述
　初步的保障性目标修改说明

101工作项目数据描述模型

102.3.1 保障性分析工作项目及附加工作项目 / 9

= 系统或设备代码
= 工作项目编号
　工作项目要求

102.3.2 保障性分析计划的合同规定及修改审批程序 / 10

　合同条款
　修改审批程序说明

102.3.4 制定保障性分析计划所需的时间 / 12

制定保障性分析计划所需时间
时间单位
时间计算方式

102.3.5 新研装备系统要求与研制进度 / 13

= 系统或设备代码
= 研制阶段编号
　研制阶段名称
　研制阶段开始时间
　研制阶段结束时间
　研制阶段工作要求
　系统和设备的研制要求

102.3.6 101中确定的工作项目及子项目要求 / 14

= 系统或设备代码
= 要执行的工作项目编号
　工作项目要求说明
　工作项目对设计的可能影响
　工作项目的组织机构
　工作项目的费用及效益

102工作项目数据描述模型

102.3.3 保障性分析人员培训要求 / 11

= 人员类型
= 人员单位
= 培训科目
　人员数量
　培训内容
　培训学时
　培训时间
　培训资料
　培训单位
　培训地点
　考核方式
　培训要求

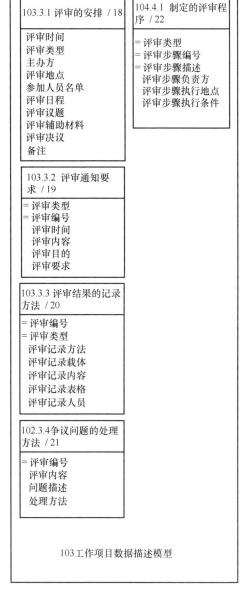

图 6-7　订购方 100 系列工作项目的业务数据描述模型

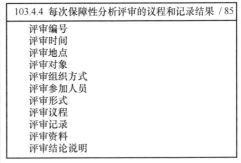

图 6-8　承制方 100 系列工作项目的业务数据描述模型

6.4　200 系列工作项目业务模型

6.4.1　200 系列工作项目业务分析

保障性分析的 200 系列工作项目是装备与保障系统的分析。其主要目的是通过将新研装备与现有系统的对比分析，以及开展保障性、费用、战备完好性主宰因素分析，确定装备保障性的初定目标和有关保障性的设计目标值、门限值及约束等，为后续装备研制以及保障性分析工作确定目标和约束。200 系列工作项目对后期的保障性分析工作会产生重要影响，这一阶段的工作由订购方主导，以订购方工作为主，承制方将配合并参与其中有关论证工作。200 系列工作具体包含了 5 个工作项目：201——使用研究；202——硬件软件和保障系统标准化；203——比较分析；204——改进保障性的技术途径；205——保障性和有关保障性的设计因素。

1. 工作项目 201——使用研究

1）主要目的

确定与系统预定用途有关的保障性因素，并形成文件。

2）工作要点

（1）确定与系统预定用途有关的保障性因素，并形成文件。确定保障性因素时，要考虑机动性要求、部署情况、使用方案、任务频度与持续时间、基地设置方案、预定使用寿命、与其他系统和设备的相互关系、使用环境、维修环境，以及人的能力及限度等。在确定各项保障性因素时既要考虑平时也要考虑战时的应用。确定曾经进行过的任务范围及系统和设备分析（这种分析不仅与新研系统和设备有关，而且确定了硬件、任务与保障性参数之间的定量关系）并形成文件。

（2）将执行（1）分析所得到的在制定备选保障方案和进行保障性分析中必须加以考虑的定量数据编制成文件。这些数据一般应包括：①使用要求，包括每个单位时间内任务次数、任务的持续时间（使用天数、使用里程、使用小时、发射次数、飞行次数）或每单位时间的循环次数等。②需保障的系统数目。③运输因素（方式、类型、运输数量、目的地、运输时间及日程）。④各种维修级别允许的维修期限。⑤环境要求，包括对危险物资、有害废料和环境污染物等的考虑。⑥有效地满足新研系统和设备保障要求的使用人员、维修人员与保障人员的数量。

（3）到使用单位和保障部门进行现场调研。

（4）根据执行前述工作过程中得到的资料，汇总编写一份使用研究报告。随着得到的有关系统和设备预定用途的资料更为详细时，这份使用研究报告应当被不断修订和完善。

2. 工作项目 202——硬件、软件和保障系统标准化

1）主要目的

根据能在费用、人员数量与技术等级、战备完好性或保障政策等方面得到益处的现有和计划的保障资源，确定系统和设备的保障性及有关保障性的设计约束，给系统和设备的硬件及软件标准化工作提供保障性方面的输入信息。

2）工作要点

（1）确定有利于所研究的每一备选方案的现有和计划的保障资源。确定保障资源时，应考虑所有的综合保障要素。对由于费用、人员数量与技术等级、战备完好性或保障政策与收益方面会成为系统和设备研制约束的保障资源项目，应该用定量的参数确定其保障性和有关保障性的设计约束。

（2）将有关保障性、费用和战备完好性的信息输入系统和设备的硬件及软件的标准化工作中。所输入信息的层次应与系统和设备采用的硬件及软件标准化层次相一致。

（3）确定建议的系统和设备硬件及软件标准化方法。从费用、战备完好性或保障性方面考虑，这些方法应具有实用性，是系统和设备标准化工作的部分。执行标准化工作的层次应与设计的进度相一致。

（4）确定与每项约束有关的风险。例如，确定标准化约束时，已知或预计的资源短缺、新开发的保障资源等都可能带来风险。

3. 工作项目 203——比较分析

1）主要目的

选定代表新研系统和设备特性的基准比较系统或比较系统，以便提出有关保障性的参数，判明其可行性，确定改进目标，以及确定系统和设备保障性、费用和战备完好性的主宰因素。

2）工作要点

（1）选定与系统和设备备选方案比较时有用的现有系统及分系统（硬件、使用与保障方面）。当系统和设备备选方案在设计方案、使用方案或保障方案上与比较系统有很大差异时，或者需要用不同的现有系统和设备来恰当比较各种有关的参数时，应用不同的现有系统和设备组成比较系统。

（2）选定一个基准比较系统，用于比较分析和确定有显著差别的各种系统和设备备选方案的保障性、费用及战备完好性的主宰因素。如果将现有的不同系统和设备的组成部分组合成一体，最能代表系统和设备备选方案的设计特性、使用特性及保障特性，就用这个合成体作为基准比较系统。为了比较不同的重要参数，宜采用不同的基准比较系统。应对以前选定的基准比较系统进行评估，以确定其满足系统和设备需要的程度。

（3）确定各比较系统的使用与保障费用、保障资源要求、可靠性、维修性及战备完好性的数值。确定每个基准比较系统在系统和分系统一级的上述数值。适用时根据比较系统的使用过程与新研系统和设备的使用过程之间的差异，调整以上各种数值。

（4）确定新研系统和设备上应防止的比较系统中存在的定性的环境、危害健康、安全及保障性等问题。它包括确定与比较系统有关的某些使用与维修工作，这些工作由于设计的原因，对系统和设备性能有不利的影响，并应在新研系统和设备的设计中予以避免。

（5）确定每个比较系统或基准比较系统的保障性、费用及战备完好性的主宰因素。这些主宰因素可能来自比较系统的设计特性、使用特性或保障特性并代表新研系统和设备的主宰因素。

（6）确定新研系统和设备中有而比较系统中没有的分系统或设备所得出

的系统和设备保障性、费用和战备完好性的主宰因素，并形成文件。

（7）随着系统和设备备选方案的细化或在比较系统和分系统上得到更好的数据时，修正比较系统及其有关的参数以及保障性、费用和战备完好性的主宰因素。

（8）确定比较系统及其有关的参数和主宰因素的风险与假设，并形成文件。

4. 工作项目 204——改进保障性的技术途径

1）主要目的

确定与评价从设计上改进新研系统和设备保障性的技术途径。　　　　.

2）工作要点

（1）要确定系统和设备设计的技术途径，以便在现有系统及分系统的基础上改进系统和设备的保障性。应通过下述工作确定这些设计途径：①鉴别在系统和设备研制中可采用的先进技术及其他设计上的改进，这些新技术和改进对降低保障资源要求、减少费用、减少对环境的影响、改善安全性或提高系统的战备完好性，是有潜力的。②估计在保障性、费用、环境影响、安全性和战备完好性的数值方面可能达到的改进。③鉴别保障资源（如保障设备及训练器件）的设计改进，这样一些设计改进可以用在系统和设备的研制过程中，以提高保障系统的效能或提高战备完好性。

（2）随着新研系统和设备备选方案得到进一步细化，修正设计目标。

（3）确定新研系统和设备采用先进技术对设计目标带来的风险，确定验证改进结果的评价方法，确定实施改进对费用和进度的影响。

5. 工作项目 205——保障性和有关保障性的设计因素

1）主要目的

确定从备选设计方案与使用方案得出的保障性的定量特性；制定系统和设备的保障性及有关保障性设计的初定目标、目标值、门限值及约束。

2）工作要点

（1）确定由系统和设备的备选设计方案及使用方案得出的定量的使用特性与保障特性。使用特性应用每个系统和设备的人员配备数量、所配备人员中每个专业职务的能力与技能要求、每项工作的完成标准来表示。保障性的特性应用可行的保障方案、人力要求的估计、与系统和设备有关的每个专业职务的能力与技能要求、每项工作的完成标准、可靠性与维修性参数、系统战备完好性、使用与保障费用以及保障资源要求（应考虑平时和战时）来表示。

（2）对影响新研系统和设备保障性、费用与战备完好性的主宰因素的有关变量进行敏感度分析。

（3）应明确由于专利或供货控制及其他原因，订购方不能拥有对某些硬件或软件的全部设计资料，应明确这些硬件或软件，并考虑其对备选方案、费用、进度及功能等的影响。

（4）制定新研系统和设备的保障性、费用和战备完好性的目标。确定达到目标的风险及不确定因素。确定与系统和设备计划采用的先进技术有关的保障性风险。

（5）确定新研系统和设备的保障性及有关保障性的设计约束，这些约束应包括考虑到危险物资、有害废料和环境污染等有关内容的定量及定性的约束，并写进相应规范、合同或其他要求文件中。将定量约束记入保障性分析记录或订购方批准的等效文件中。

（6）随着系统和设备备选方案的进一步细化，修正保障性、费用和战备完好性的目标，并制定保障性、费用和战备完好性的目标值及门限值。

6.4.2　200 系列工作项目业务结构模型

根据 200 系列工作项目的工作要点、输入输出以及综合保障业务流程，其订购方和承制方所要承担的工作项目和具体工作内容如表 6-3 所列。

表 6-3　200 系列工作项目具体工作内容

工作项目		具体工作
订购方承担的工作	201——使用研究	1. 保障性因素 2. 定量因素 3. 现场调研 4. 使用研究报告和修改
	202——硬件、软件和保障系统标准化	1. 保障性的约束 2. 保障性信息的输入 3. 建议的标准化方法 4. 风险分析
订购方承担的工作	203——比较分析	1. 确定比较系统 2. 基准比较系统 3. 比较系统的特性 4. 定性的保障性问题 5. 保障性、费用和战备完好性主宰因素 6. 独特的系统主宰因素 7. 修正 8. 风险和假设
	204——改进保障性的技术途径	1. 保障性的约束 2. 保障性信息的输入 3. 建议的标准化方法
	205——保障性和有关保障性的设计因素	1. 保障性特性 2. 敏感度分析 3. 确定有专利的硬件和软件 4. 保障性目标和有关风险 5. 技术规范要求 6. 保障性目标值和门限值
承制方承担的工作		提供参考信息

　　根据表 6-3，分别建立 200 系列工作项目订购方和承制方的业务结构模型，如图 6-9 所示。

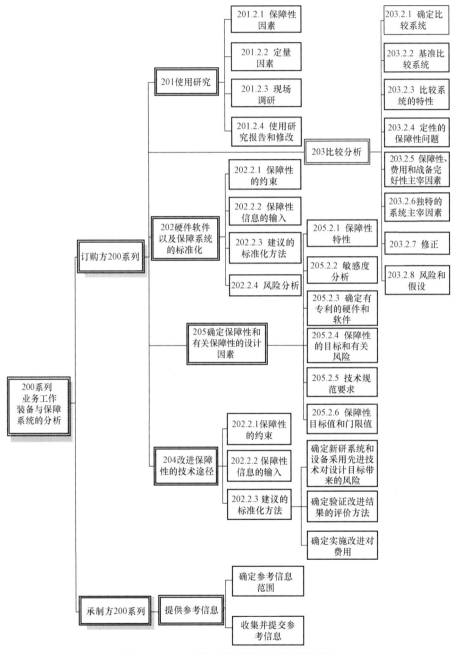

图 6-9　200 系列工作项目的业务结构模型

6.4.3　200 系列工作项目业务交互模型

根据双方的业务结构模型，结合各个工作项目及其子工作项目的输入、输出关系，建立 200 系列工作项目的业务交互模型，如图 6-10 所示。

根据保障性分析 200 系列工作项目的业务交互模型可以看到，200 系列工作项目的业务交互关系共包含了 25 项业务交互数据，其中工作项目 201 涉及 8 项业务数据，主要定义与装备的使用任务及环境相关的数据和信息；工作项目 202 涉及 9 项业务数据，主要定义对装备软硬件标准化的有关要求；工作项目 203 涉及 12 项业务数据，主要定义与基准系统、比较系统有关的信息；工作项目 204 涉及 7 项业务数据，定义有关改进装备保障性的技术途径的信息；工作项目 205 涉及 10 项业务数据，主要定义保障性和有关保障性的设计因素的数据。由于 200 系列工作项目主要由订购方主导，因此在整个 200 系列工作项目中，业务信息主要由订购方生成，承制方参与业务过程，所生成的业务数据将作为承制方开展后续装备综合保障业务工作的基本依据、基本约束条件和关键参考信息。

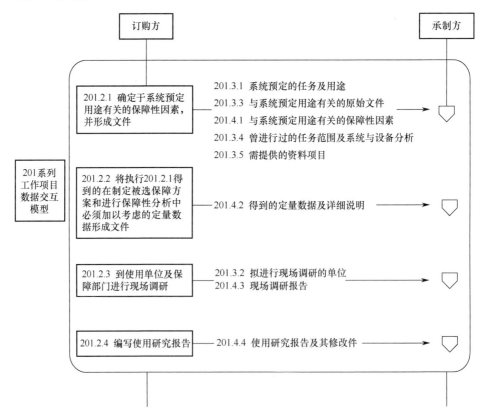

202 系列工作项目数据交互模型

202.2.1 确定有利于所研究的每一备选方案的现有和计划的保障资源

202.3.1 根据强制性要求所形成的设计约束
202.3.2 从订购方得到的有关保障资源的资料及详细说明
202.4.1 根据标准化考虑的定量设计约束
202.4.2 由标准化确定的相关特性

202.2.2 将有关保障性、费用和战备完好性的信息输入系统和设备的硬件及软件的标准化工作中

202.3.3 强制性的硬件与软件的标准化要求
202.3.4 研究中的备选系统和设备方案
202.3.5 由201得出的使用研究结果
202.4.3 建议采用的硬件和软件标准化方法

202.2.3 确定建议的系统和设备硬件及软件标准化方法

202.2.4 确定于每项约束有关的风险

202.4.4 与每项约束有关的风险

203 系列工作项目数据交互模型

203.2.1 确定比较系统

203.4.1 对比较分析有用的现有系统及分系统

203.2.2 基准比较系统

203.2.3 比较系统的特性

203.4.2 比较系统及分系统的相关参数数值

103.2.4 定性的保障性问题

203.4.3 比较系统中存在而新研装备应防止的问题

103.2.5 保障性、费用和战备完好性主宰因素

203.4.4 根据比较系统得出的新研系统相关主宰因素

103.2.6 独特的系统主宰因素

203.4.5 新研系统中有而比较系统中没有的相关主宰因素

103.2.7 修正

203.4.7 使用比较系统参数的风险与假设

103.2.8 风险和假设

204 系列工作项目数据交互模型

204.2.1 改进保障性建议的设计目标

204.3.1 从订购方得到的有关技术评价与改进方面的信息
204.3.2 可靠性、维修性、保障性先进设计方法

204.2.2 修正设计目标

204.3.3 由203得到的比较系统参数数值和主宰因素
204.3.4 由203得出的现有装备保障性问题
204.4.2 修正制定的设计目标

确定新研系统和设备采用先进技术对设计目标带来的风险

204.4.3 补充经费的要求，采用新技术的风险，改进结果评价方法，费用和进度影响

确定验证改进结果的评价方法

确定保障性和有关保障性的设计因素

204.4.4 补充经费要求，采用新技术的风险，改进评价方法，费用和进度影响

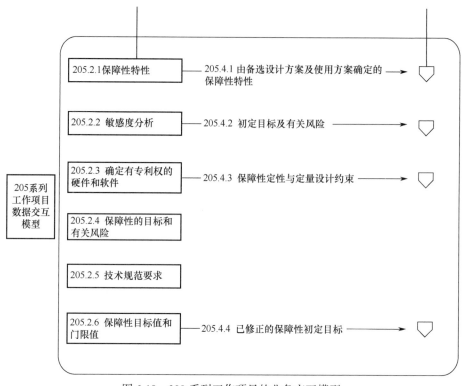

图 6-10　200 系列工作项目的业务交互模型

6.4.4　200 系列工作项目业务数据结构模型

　　根据 200 系列工作项目的业务交互模型，通过对业务交互数据的梳理，用结构树来描述 200 系列工作项目的业务数据结构。由于 200 系列工作主要以订购方业务为主，通过订购方的保障性分析工作，为承制方提供后续综合保障工作的依据，因此 200 系列业务的数据主要是订购方生成的业务输出，故订购方业务数据结构模型即为 200 系列工作项目的业务数据结构模型，如图 6-11 所示。

　　200 系列工作项目的业务数据结构模型由 5 大部分构成，其中子工作项目 201 包含 8 项数据，主要定义与装备使用要求相关的信息和数据；子工作项目 202 包含 9 项数据，主要定义系统和设备的硬件及软件的保障性及有关保障性的设计约束，以及标准化工作要求等；子工作项目 203 包含 12 项数据，主要定义新研系统和设备的基准系统和比较系统以及根据它们而确定的有关保障性要求；子工作项目 204 包含 7 项数据，主要定义与从设计上改进新研系统和设备保障性的技术途径的有关信息；子工作项目 205 包含 10 项数据，主要定义新研系统和设备的保障性及有关保障性的设计约束、初定目标、目标值、门限值等。

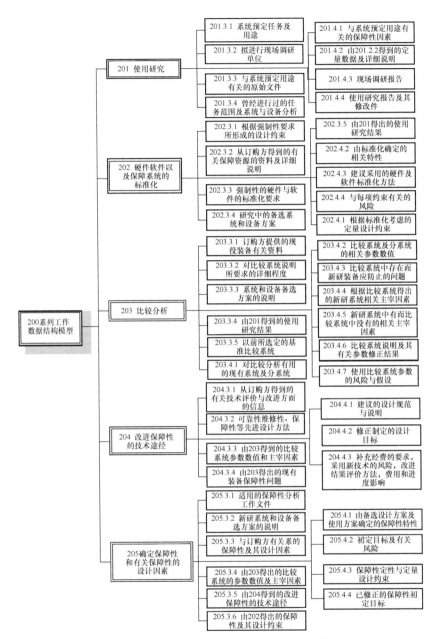

图 6-11　200 系列工作项目的业务数据结构模型

6.4.5　200 系列工作项目业务数据描述模型

根据业务交互模型和业务数据结构模型，建立 200 系列工作项目的业务数据描述模型如图 6-12 所示。

201.3.1 系统预定的任务及用途 / 26	201.4.1 与系统预定用途有关的保障性因素 / 30	202.3.1 根据强制性要求所形成的设计约束 / 34	202.4.1 根据标准化考虑的定量设计约束 / 39

= 系统或设备代码
= 任务代码
  任务及用途描述
	= 代码
	  用途描述
	  保障性因素
		= 编号
		  约束描述
			= 编号
			  描述

201.3.2 拟进行现场调研的单位 / 27	201.4.2 由201.2.2得到的定量数据及详细说明 / 31	202.3.2 从订购方得到的有关保障资源的资料及详细说明 / 35	202.4.2 由标准化确定的相关特性 / 40

= 单位代码
  单位名称
  调研内容
	= 数据名称
	  数值
	  说明
		= 编号
		  资源名称
		  资料名称
		  详细说明
			= 编号
			  特性名称
			  特性描述

201.3.3 与系统预定用途有关的原始文件 / 28	201.4.3 现场调研报告 / 32	202.3.3 强制性的硬件与软件的标准化要求 / 36	202.4.3 建议采用的硬件及软件标准化方法 / 41

= 文件代码
  文件名称
	= 编号
	  报告名称
	  报告描述
		= 编号
		  名称
		  要求描述
			= 编号
			  类型
			  方法名称
			  方法描述

201.3.4 曾经进行过的任务范围及系统与设备分析 / 29	201.4.4 使用研究报告及其修改件 / 33	202.3.4 研究中的备选系统和设备方案 / 37	202.4.4 与每项约束有关的风险 / 42

= 代码
  任务范围描述
  系统与设备分析
	= 编号
	  使用要求
	  需保障的系统数目
	  运输因素
	  各种维修级别允许的维修期限
	  环境要求
	  人员数量要求
		= 编号
		  名称
		  描述
			= 编号
			  约束名称
			  风险描述

		202.3.5 由201得出的使用研究结果 / 38	
		= 编号 结果描述	
201工作项目数据描述模型		202工作项目数据描述模型	

132

203.3.1 订购方提供的现役装备有关资料 / 43

= 编号
现役装备名称
相关参数
参数数值

203.3.2 对比较系统说明所要求的详细程度 / 44

编号
综述

203.3.3 系统和设备备选方案的说明 / 45

= 编号
说明

203.3.4 由201得到的使用研究结果 / 46

编号
使用要求
需保障的装备数量
运输因素
各维修级别允许的维修期限
环境要求
能有效满足新研装备保障性要求的
使用与维修人员数量

203.3.5 以前所选定的基准比较系统 / 47

编号
基准比较系统名称
参数名称
参数数值

203.4.1 对比较分析有用的现有系统及分系统 / 48

编号
现有系统名称
现有系统设计方案描述
现有系统使用方案描述
现有系统保障方案描述

203.4.2 比较系统及分系统的相关参数数值 / 49

编号
比较系统名称
参数名称
参数数值

203.4.3 比较系统中存在而新研装备应防止的问题 /50

比较的系统或设备
新研系统或设备
问题编号
问题类型
问题描述
防止措施

203.4.4 根据比较系统得出的新研系统相关主宰因素 / 51

比较的系统或设备
新研系统或设备
主宰因素编号
主宰因素类型
因素描述
因素描述

203.4.5 新研系统中有而比较系统中没有的相关主宰因素 / 52

新研系统或设备
因素类型
因素名称
因素描述

203.4.6 比较系统说明及其有关参数修正结果 / 53

编号
比较系统说明
参数名称
修正结果

203.4.7 使用比较系统参数的风险与假设 / 54

编号
风险描述
假设描述

203工作项目数据描述模型

204.3.1 从订购方得到的有关技术评价与改进方面的信息 / 55

编号
描述

204.3.2 可靠性维修性、保障性等先进设计方法 / 56

编号
方法名称
方法描述

204.3.3 由203得到的比较系统参数数值和主宰因素 / 57

编号
参数名称
参数数值
注重因素描述

204.3.4 由203得出的现有装备保障性问题 / 58

编号
问题类型
问题描述

204.4.1 建议的设计规范与说明 / 59

编号
描述

204.4.2 修正制定的设计目标 / 60

编号
设计目标名称
设计目标数值

204.4.3 补充经费的要求，采用新技术的风险，改进结果评价方法，费用和进度影响 / 61

编号
描述

204工作项目数据描述模型

205.3.1 适用的保障性分析工作文件 / 62

编号
文件名称
文件描述

205.3.2 新研系统和设备备选方案的说明 / 63

编号
说明的描述

205.3.3 与订购方有关系的保障性及其设计因素 / 64

编号
设计因素描述

205.3.4 由203得出的比较系统的参数数值及主宰因素 / 65

编号
参数名称
参数数值
主宰因素
备注

205.3.5 由204得到的改进保障性的技术途径 / 66

编号
技术途径名称
技术途径描述

205.3.6 由202得出的保障性及其设计约束 / 67

系统或设备代码
设计约束编号
约束描述

205.4.1 由备选设计方案及使用方案确定的保障性特性 / 68

系统或设备备选设计方案使用方案
保障特性名称
保障特性描述

205.4.2 初定目标及有关风险 / 69

新研的系统和设备
参数名称
参数初定目标
有关的风险描述

205.4.3 保障性定性与定量设计约束 / 70

新研的系统或设备代码
约束类型
约束编号
约束描述

205.4.4 已修正的保障性初定目标 / 71

系统或设备
参数名称
初定目标
目标值
门限值

205工作项目数据描述模型

图 6-12 200 系列工作项目的业务数据描述模型

6.5 300 系列工作项目业务模型

6.5.1 300 系列工作项目业务分析

保障性分析的 300 系列工作项目是备选保障方案的制定与评价。装备保障的规划主要包括保障方案的规划和保障资源的规划。300 系列工作主要是对装备的保障方案进行规划，为后续保障资源的规划提供基础。该系列工作为装备保障性及配套的保障系统提供可能的备选方案，称为备选保障方案。确定装备的保障方案是装备综合保障工程和保障性分析中最为重要和最为关键的工作之一。保障方案的制定在规划保障工作的过程中，及时影响装备设计，保证装备的保障工作简单、工作量少、保障费用低，从而使装备达到较高的战备完好性水平，也为建立经济有效的保障系统奠定良好的基础。

装备保障方案是装备保障系统完整的系统级说明，它从总体上描述保障系统，包括保障系统的主要特征，如维修级别、修理策略、维修机构的职责与分工、维修保障方式、维修环境、运输方案等；保障方案与装备的设计方案和使用方案存在密切关系，三者相互影响。因此，在装备研制过程中应对它们进行协调并通过方案权衡实现装备系统整体目标的最优化；保障方案是涉及各综合保障要素的方案，这些方案是宏观的，有时是约束性质的，如运输方案是海运、陆运或者空运，测试方案采用机内测试或者外部测试等，保障方案的内容一般不涉及如何运用保障资源完成保障工作，不具体给出保障资源的品种与数量。

根据保障工作的内容，保障方案可分为使用保障方案和维修保障方案，其中维修保障方案又可分为预防性维修保障方案和修复性维修保障方案。

装备的使用保障方案规定了使用保障的工作要求，包括装备使用的一般说明、使用保障的基本原则与要求、动用准备方案、使用操作人员分工和主要任务、使用人员的训练和训练保障方案、能源和特种液补给方案、弹药准备和补给方案等。使用保障方案主要通过对装备实施功能分析来确定，它以装备的功能需求为输入信息。通过使用研究，明确新装备的作战任务、运输方式、部署情况和主要使用要求、使用与储存环境等；通过比较分析，对比现役同类装备的使用保障方案及现有的保障能力，考虑新装备设计方案的特点，制定初始使用保障方案。然后根据装备的初始使用保障方案在预期的使用环境下所必须具备的使用功能，确定为充分发挥这些功能而需要的使用保障工作，细化和修订使用保障方案。

装备的维修保障方案规定了维修保障的工作内容。维修类型包括预防性维修（又称为计划维修）和修复性维修（又称为非计划维修）。相应地，维修保障方案由预防性维修保障方案和修复性维修保障方案两部分构成。预防性维修保障方案主要包括四个方面的内容，即需进行预防性维修的产品、预防性维修工作类型及其简要说明、预防性维修工作的间隔期和维修级别。它是编制其他技术文件和准备维修保障资源的重要依据之一。修复性维修保障方案主要包括进行修复性维修的产品、修理还是报废的决策、如果需要修理在何级别维修。它为确认装备修理需要的保障设备、备品备件和各维修级别的人员需求和训练要求等提供了信息。

维修保障方案的确定需要用到多种保障性分析技术，它以故障为输入信息，主要通过故障模式影响与危害性分析（FMECA）和以可靠性为中心的维修分析（RCMA）来确定。修复性维修保障方案主要通过 FMECA 和修理级别分析（LORA）来确定。

装备的保障方案的制定与优化是一个动态的过程，装备寿命周期各阶段有着不同的工作内容。在研制阶段，开展保障方案的确定工作可以影响装备的设计方案，并为制定保障计划和研制保障资源提供基本依据；在装备论证阶段，应提出初始保障方案，它是研究保障问题影响装备设计的基础，也是确定装备其他特性指标的重要根据；在方案阶段和工程研制阶段，经过优化的保障方案是制定保障计划和研制保障资源的基本依据，从优化的保障方案才能得到最优的保障资源需求；在装备使用阶段，主要是通过优化保障方案来优化装备的保障系统，以便能以最低的寿命周期费用对装备实施保障。

保障性分析的 300 系列工作项目除了确定可能的备选保障方案外，还要对各方案进行评价与权衡分析，从而确定出较优方案。300 系列工作包含 3 个工作项目：301——确定工作要求；302——确定保障系统的备选方案和 303——备选方案的评价与权衡分析。

1.　工作项目 301——确定功能要求

1）主要目的

为系统和设备的每一备选方案确定在预期的环境中所必须具备的使用、维修与保障功能，然后确定使用与维修系统和设备所必须完成的各种工作。

2）工作要点

（1）确定系统和设备的每一备选方案在预期的使用环境中使用、维修与保障必须具备的功能，并形成文件。确定这些功能（包括平时和战时）时，应使其达到与设计和使用情况相一致的层次。应确定与这些功能有关的危险物资、有害废料和环境污染等公害。

（2）确定由于采用新的设计技术或使用方案而使新研系统和设备具有的独特功能要求，或确定那些属于新研系统和设备的保障性、费用和战备完好性的主宰因素的功能要求。适用时，还应鉴别与这些功能有关的危险物资、有害废料和环境污染等公害。

（3）确定满足新研系统和设备功能要求的风险。

（4）根据已确定的功能要求，确定系统和设备的使用与维修工作。确定这些工作时，应使其达到与设计和使用情况相一致的层次，这些工作应涉及需要的保障资源的全部功能，还应确定与每项工作有关的危险物资、废料的产生，有害气体和污水的排放以及对环境的影响。预防性维修、修复性维修、使用及其他保障工作（如使用前准备、使用、使用后维修保养、校正和运输等）应该用下述一些方法确定：①以系统和设备的硬件与软件为对象，对故障模式、影响及危害性分析或等效分析的结果进行分析，以便确定修复性维修工作要求，并形成文件。这种分析要达到订购方规定的和设计进展相一致的层次，并记入保障性分析记录或经订购方批准的等效文件。②按照订购方提供的详细指南进行以可靠性为中心的维修分析，以确定预防性维修工作要求。以可靠性为中心的维修分析，应根据故障模式、影响及危害性分析的数据进行，并记入保障性分析记录或经订购方批准的等效文件中。③既不能用故障模式、影响及危害性分析，也不能用以可靠性为中心的维修分析确定的使用和其他保障工作，应通过对系统和设备的功能要求及预期的使用情况分析加以确定，并记入保障性分析记录或经订购方批准的等效文件中。

（5）参与系统和设备备选方案的制定，以便在确定功能要求或使用与维修工作要求过程中发现需要纠正和重新设计的设计缺陷。应分析那些能减少或简化保障功能的设计备选方案。

（6）随着系统和设备设计的进一步细化，或有更好的数据时，应修正保障功能要求和使用与维修工作要求。

2. 工作项目302——确定保障系统的备选方案

1）主要目的

制定可行的系统和设备保障系统备选方案，用于评价与权衡分析及确定最佳的保障系统。

2）工作要点

（1）在已制定的保障性和有关保障性的设计约束范围内，对满足功能要求的系统和设备备选方案制定系统级保障系统方案并形成文件。对每一备选保障系统方案制定的详细程度应与硬件、软件和使用方案研究的产品层次相一致。每一备选保障系统方案均应涉及所有综合保障要素。同一保障系统方案可能适用于系统和设备的多种设计及使用备选方案。备选保障系统方案的详细程度，应使其能用于对系统和设备备选方案的评价及权衡。备选保障系统方案的范围不应限于现有的保障方案，应包括证明能提高系统战备完好性、优化人员数量与技术等级要求或减少使用与维修费用的有创新的方案。而由承制方承担的保障（不论是全部的、部分的或是临时性的），在制定备选保障方案时均要加以考虑。

（2）随着权衡分析的进行及系统和设备备选方案得到进一步确认，修正备选保障系统方案。应将备选保障系统方案在系统级和分系统级形成文件，且应提出新研系统和设备的保障性、费用与战备完好性的主宰因素及独特的功能要求。

（3）为系统和设备制定可行的备选保障计划，并形成文件。计划的详细程度应与硬件、软件和使用方案研究的进展情况相一致。

（4）随着权衡分析的进行及系统和设备的设计与使用方案得到进一步确认，修正备选保障计划。

（5）确定每一备选保障系统方案的风险。

3. 工作项目 303—备选方案的评价与权衡分析

1）主要目的

为系统和设备的每一个备选方案确定优先的备选保障系统方案，并参与系统和设备备选方案的权衡分析，以便确定在费用、进度、性能、战备完好性和保障性之间达到最佳平衡所需的途径（包括保障、设计与使用方面）。

2）工作要点

（1）应按下列各项进行评价与权衡：①制定用于确定有最佳结果的定性与定量评价准则，这些准则应与新研系统和设备保障性、费用、环境影响及战备完好性的要求有关；②在保障性、设计和使用参数与那些被确认为评价准则的参数之间选择及建立解析关系式或模型；③用已建立的关系式或模型进行权衡或评价，并根据已建立的准则选定最佳方案；④对于涉及较高风险的变量或影响新研系统和设备的保障性、费用与战备完好性的关键变量进行适当的敏感度分析；⑤将评价和权衡的结果（包括风险和假设）形成文件；⑥当新研系统和设备得到更好的确认或有更精确的数据可供利用时，修正评价与权衡分析结果；⑦评价与权衡分析中要包括平时和战时的各种考虑；⑧根据经权衡分析后做出的决策，对现有的或已计划的装备、供应系统、维修系统和运输系统的影响进行评估；⑨评估寿命周期中的各种保障考虑（包括停产后保障）。

（2）在为系统和设备每一备选方案所确定的保障系统备选方案之间进行评价与权衡分析。对已选中的保障系统方案，要确定新的或关键的保障资源要求，并形成文件。重新调整的人员专业职务分类，应作为新资源列入文件。

（3）在所考虑的设计方案、使用方案和保障方案之间进行评价与权衡分析。

（4）评价系统战备完好性参数随关键的设计和保障参数（如可靠性与维修性、备件预算、再补给时间以及可利用的人员数量与技术等级）变化的敏感度。

（5）从需要的人员总数、专业职务分类、技术等级及所需经验等方面，估计与评价系统和设备备选方案的人员数量及技术等级要求。该分析应包括编制（机构和人员数量）要求和训练要求。

（6）在设计、使用、人员训练与专业职务设置之间进行评价与权衡，以便确定达到并保持使用、维修与保障人员所需熟练的技术等级的最佳解决方法。应对训练进行评价与权衡分析，并应考虑专业职务类别之间各职务工作的转换，供选择的技术资料出版方案，正规训练、在职训练和单项训练相配合的备选方案以及各种训练模拟器的使用等。

（7）进行与现有的设计、使用、维修及保障资料的可用程度相一致的系统和设备修理级别分析。

（8）评价备选的诊断方案（包括不同程度的机内测试、外部测试、人工测试、自动测试、测试诊断的接口），为考虑的系统和设备备选方案确定最佳的诊断方案。

（9）在新研系统和设备与现有的比较系统之间进行保障性、费用及战备完好性的参数的对比评价，根据新研系统和设备比现有比较系统的改善程度，评估新研系统和设备达到保障性、费用及战备完好性等目标的风险。

（10）在系统和设备备选方案与能源及油料要求之间进行评价和权衡，为每一个被考虑的系统和设备备选方案确定所需的燃料、润滑油、润滑脂要求，并对其所需费用进行敏感度分析。

（11）系统和设备备选方案与作战环境中的生存性、战损修复性之间进行评价与权衡。

（12）在系统和设备备选方案与运输性要求之间进行评价与权衡分析，确定备选方案运输性要求以及每种运输方式的限制条件、特点和使用环境。

（13）在系统和设备备选方案与保障设施（包括动力、公共设施和道路等）要求之间进行评价及权衡分析，确定每种保障系统备选方案的设施要求以及各类设施的限制条件、特点及使用环境。

6.5.2 300 系列工作项目业务结构模型

根据 300 系列工作项目的输入、输出数据以及综合保障业务流程，其订购方和承制方所要承担的工作项目和具体工作内容如表 6-4 所列。

表 6-4 300 系列工作项目具体工作内容

工作项目		具体工作
订购方承担的工作		1. 提供所需信息 2. 评估工作结果
承制方承担的工作	301——确定功能要求	1. 确定功能要求 2. 确定独特的功能要求 3. 风险分析 4. 确定使用与维修工作 5. 设计备选方案 6. 修正要求

（续）

工作项目		具体工作
承制方承担的工作	302——确定保障系统的备选方案	1. 备选的保障方案 2. 保障方案的修正 3. 备选保障计划 4. 风险分析
	303——备选方案的评价与权衡分析	1. 权衡准则 2. 保障系统权衡分析 3. 系统级权衡分析 4. 战备完好性的敏感度 5. 人员数量与技术等级权衡分析 6. 训练权衡分析 7. 修理级别分析 8. 诊断权衡分析 9. 对比评价 10. 能源权衡分析 11. 生存性权衡分析 12. 运输性权衡分析 13. 保障设施权衡分析

根据表6-4，分别建立300系列工作项目订购方和承制方的业务结构模型，如图6-13所示。

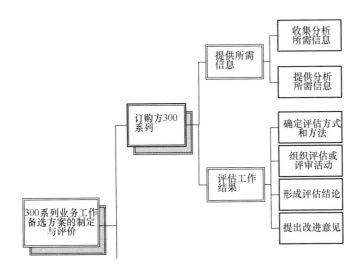

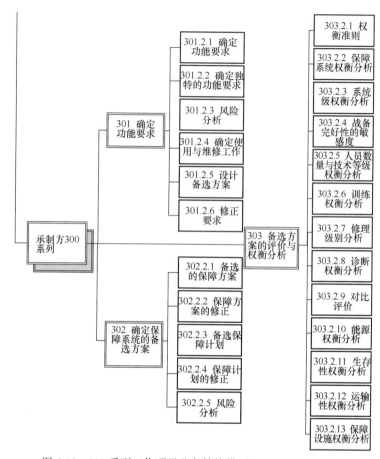

图 6-13　300 系列工作项目业务结构模型

6.5.3　300 系列工作项目业务交互模型

根据双方的业务结构模型，分别针对每个子项目建立 300 系列工作项目业务交互模型，如图 6-14 所示。

从 300 系列的业务交互模型中可以看到，300 系列业务工作过程共包含 39 项业务数据，其中工作项目 301 涉及 16 项交互数据，工作项目 302 涉及 7 项交互数据，工作项目 303 涉及 16 项交互数据。作为保障性分析的关键业务过程，在 300 系列工作项目中，主要是由承制方开展备选方案的制定与评价工作，订购方参与有关要求的提出和备选方案的评价，整个业务过程双方协作密切，交互频繁，交互信息也较多。

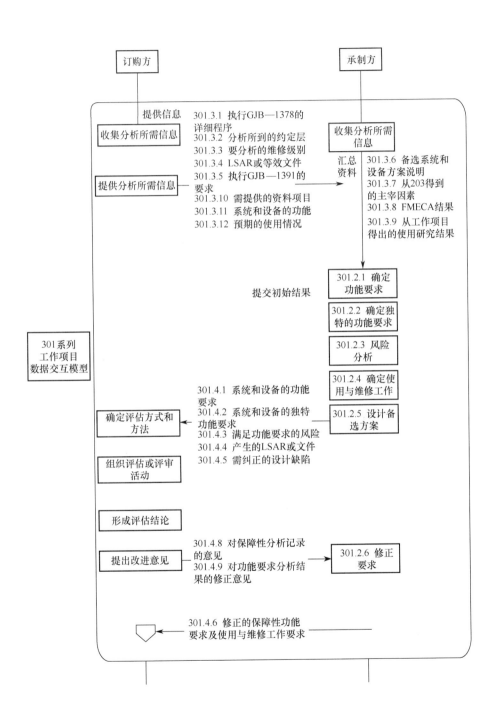

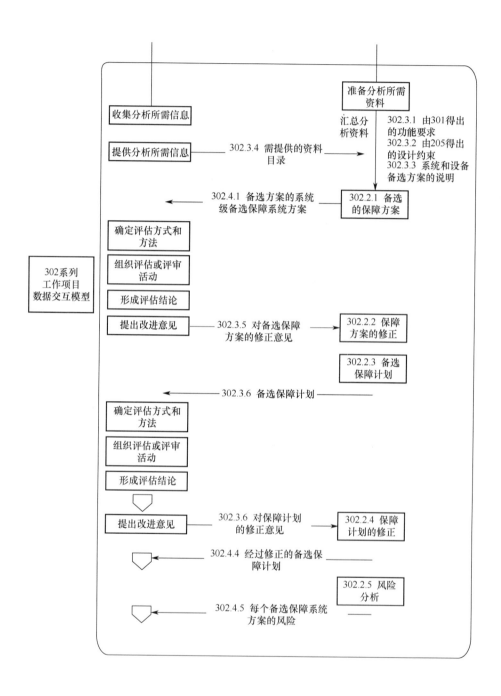

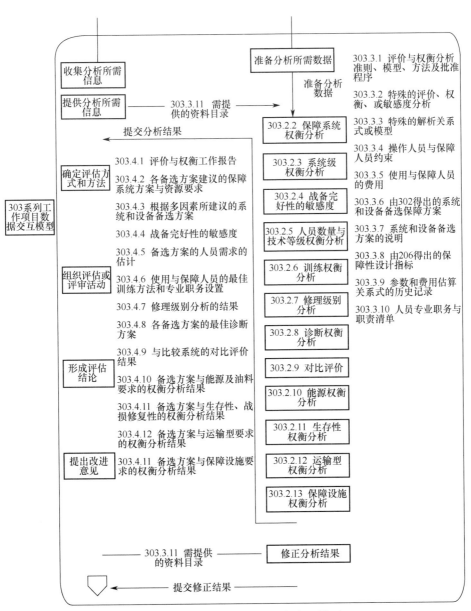

图 6-14　300 系列工作项目业务交互模型

6.5.4　300 系列工作项目业务数据结构模型

梳理业务交互模型中的有关交互数据，可用结构树来描述 300 系列工作项目的数据结构，订购方和承制方业务数据结构模型如图 6-15 所示。

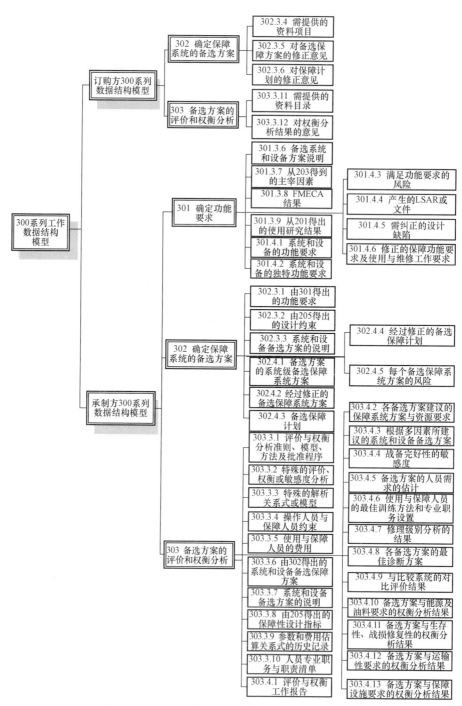

图 6-15 300 系列工作项目的业务数据结构模型

订购方 300 系列的数据结构模型由两部分构成，其中工作项目 302 包含 3 项数据，工作项目 303 包含 2 项数据，主要是为承制方提供的备选方案分析的必要信息，还包括对备选方案评价与权衡提出的意见等；承制方 300 系列的数据结构模型由三部分构成，其中工作项目 301 包含 10 项数据，主要定义从 FMECA 等分析活动中生成的对保障系统的功能要求信息等；工作项目 302 包含 8 项数据，主要定义生成的备选保障方案的描述；工作项目 303 包含 23 项数据，主要包含备选保障方案评价与权衡过程中的各种分析数据。

6.5.5　300 系列工作项目业务数据描述模型

根据业务交互模型和业务数据结构模型进行数据细化与分解，可分别建立订购方和承制方业务交互过程中 300 系列工作项目的业务数据描述模型，如图 6-16 和图 6-17 所示。

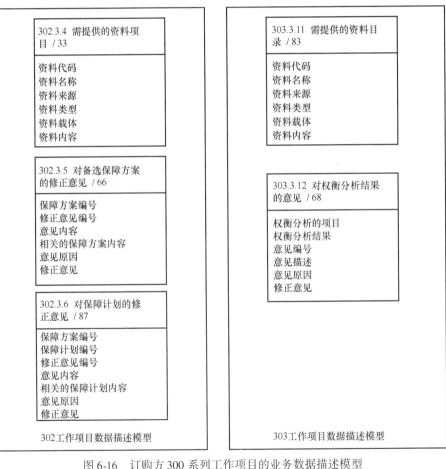

图 6-16　订购方 300 系列工作项目的业务数据描述模型

301.3.6 备选系统和设备方案说明 / 14

备选方案代码
备选系统或设备代码
系统或设备名称
备选系统或设备功能说明
备选系统或设备特性及优势
选用原因
选用的风险
选用的效益
技术复杂度

301.3.7 从203得到的主宰因素 / 70

主宰因素编号
主宰因素类型
因素名称
因素描述

301.3.8 FMECA结果 / 4

= 系统或设备代码
= 系统或设备功能代码
= 故障模式代码
= 故障原因代码
= 故障原因说明
  故障相关的系统或设备代码
  故障模式名称
  故障模式现象
  故障模式上一级影响
  故障模式最终影响
  故障模式发生频率
  故障模式概率分布
  故障模式严酷度
  建议的预防措施
  建议的维修措施
  建议的维修方式

301.3.9 从201得出的使用研究结果 / 71

= 编号
  使用要求
  需保障的系统数目
  运输因素
  各种维修级别允许的维修期限
  环境要求
  人员数量要求

301.4.1 系统和设备的功能要求 / 18

= 系统或设备代码
= 功能要求代码
  功能要求说明

301.4.2 系统和设备的独特功能要求 / 39

  系统或设备代码
  独特功能要求代码
  独特功能要求说明
  独特功能要求原因

301.4.3 满足功能要求的风险 / 20

= 系统或设备代码
= 功能要求代码
= 功能要求类型
  功能要求的风险说明
  功能要求的风险概率
  功能要求的风险后果
  功能要求的风险等级
  功能要求风险的处理办法

301.4.4 产生的LSAR或文件 / 21

  LSAR数据库文件
  LSAR文件内容
  等效文件
  等效文件内容

301.4.5 需纠正的设计缺陷 / 22

  系统或设备代码
  功能要求
  使用与维修工作要求
  设计缺陷描述
  设计缺陷纠正措施

301.4.6 修正的保障功能要求及使用与维修工作要求 / 73

  系统或设备代码
  功能要求代码
  功能要求说明
  修正后功能要求说明
  功能要求的修正说明

301工作项目数据描述模型

302.3.1 由301得出的功能要求 / 74

  系统或设备代码
  功能要求代码
  功能要求说明
  修正后功能要求说明
  功能要求的修正说明

302.3.2 由205得出的设计约束 / 75

  系统或设备代码
  约束编号
  约束描述

302.3.3 系统和设备备选方案的说明 / 76

  备选方案代码
  备选系统或设备代码
  系统或设备型号
  系统或设备名称
  备选系统或设备功能说明
  备选系统或设备特性及优势
  选用原因
  选用的效益
  技术复杂度

302.4.1 备选方案的系统级备选保障系统方案 / 34

  系统和设备备选方案编号
  备选使用方案编号
  系统级备选宝航系统方案编号
  保障系统方案说明
  保障系统方案要素编号
  保障系统方案要素说明
  保障系统方案要素数据
  保障系统方案的特点
  保障系统方案的要求
  保障系统方案的风险

302.4.2 经过修正的备选保障系统方案 / 77

  系统和设备备选方案编号
  备选使用方案编号
  系统级备选宝航系统方案编号
  保障系统方案说明
  保障系统方案要素编号
  保障系统方案要素说明
  保障系统方案要素数据
  保障系统方案的特点
  保障系统方案的要求
  保障系统方案的风险
  修正说明

302.4.3 备选保障计划 / 36

  备选保障系统方案编号
  备选保障计划编号
  备选保障计划说明
  备选保障计划要素
  备选保障计划要素说明

302.4.4 经过修正的备选保障计划 / 78

= 备选保障系统方案编号
  备选保障计划编号
  备选保障计划说明
  备选保障计划要素
  备选保障计划要素说明
  修正说明

302.4.5 每个备选保障系统方案的风险 / 79

  备选保障系统方案编号
  风险事件
  风险说明
  风险概率
  风险后果
  风险等级
  风险的处理方法

302工作项目数据描述模型

303.3.1　评价与权衡分析
准则、模型、方法及批准
程序 / 39
　评价与权衡分析准则
　评价与权衡准则
　分析方法
　解析关系式
　分析模型
　敏感度分析要求
　分析程序说明
　分析报告要求

303.3.2　特殊的评价、权衡
或敏感度分析 / 40
　分析对象
　分析项目
　分析目的
　分析方法
　分析输入
　分析准则
　分析模型
　分析程序
　分析报告要求

303.3.3　特殊的解析关系式
或模型 / 41
　分析目的
　分析对象
　解析关系式
　分析模型
　分析目的
　分析程序
　分析输入
　分析输出
　分析说明
　采用原因

303.3.4　操作人员与保障人
员约束 / 42
　使用或维修级别
　人员代码
　人员类型
　人员专业
　人员数量等级
　人员数量

303.3.5　使用与保障人员的
费用 / 43
　使用或维修级别
　人员代码
　人员类型
　人员训练费用
　人员补充费用
　人员培养费用
　人员淘汰费用

303.3.6　由302得出的系统
和设备备选保障方案 / 80
　系统和设备备选方案编号
　备选保障方案编号
　系统级备选保障系统方案
　编号
　保障系统方案说明
　保障系统方案要素编号
　保障系统方案要素说明
　保障系统方案要素数据
　保障系统方案的特点
　保障系统方案的要求
　保障系统方案的风险
　修正说明

303.3.7　系统和设备备选方
案的说明 / 81
　备选方案代码
　备选系统或设备代码
　系统或设备型号
　系统或设备名称
　备选系统或设备功能说明
　备选系统或设备特性及优势
　选用原则
　选用的风险
　选用的效益
　技术复杂度

303.3.8　由205得出的保障
性设计指标 / 82
　编号
　参数名称
　初定目标
　目标值
　门限值

303.3.9　参数和费用估算关
系式的历史记录 / 47
　系统或设备代码
　历史记录号
　参数编号
　参数名称
　参数类型
　参数估算关系式
　参数估算方法

303.3.10　人员专业职务与
职责清单 / 48
　使用或维修级别
　人员代码
　人员专业职务
　人员技术等级
　人员经验要求
　人员总数
　人员训练要求

303.4.1　评价与权衡工作
报告 / 50
　评价与权衡工作项目
　执行人员或单位
　执行时间
　评价与权衡准则
　评价与权衡目的
　评价与权衡的对象
　评价与权衡方法
　评价与权衡模型
　评价与权衡过程
　平时的考虑
　战时的考虑
　评价与权衡结果描述
　结果的敏感度分析
　对装备保障的考虑
　附加的说明

303.4.2　各备选方案建议的
保障系统方案与资源要求 / 51
　系统备选设计方案编号
　保障系统方案编号
　使用或维修级别
　保障资源编号
　保障资源品种
　保障资源名称
　保障资源数量
　保障资源供应要求
　保障资源约束
　分析方法说明
　分析人员或单位

303.4.3　根据多因素所建议
的系统和设备备选方案 / 52
　备选设计方案编号
　建议的备选保障系统方案
　编号
　依据的因素
　建议说明
　分析人员或单位
　分析方法说明

303.4.4　战备完好性的敏感
度 / 53
　参数代码
　参数类型
　系统完好性敏感度
　分析方法说明
　分析人员或单位
　备注

303.4.5　备选方案的人员需
求的估计 / 54
　备选方案编号
　维修级别
　人员代码
　人员专业
　人员技术等级
　人员数量
　分析人员或单位
　分析方法说明
　备注

303.4.6　使用与保障人员的
最佳训练方法和专业职务
设置 / 55
　人员代码
　人员类别
　人员专业职务
　人员专业
　人员技术等级
　最佳训练方法

303.4.7　修理级别分析的结
果 / 56
　系统与设备代码
　分析人员或单位
　LORA分析方法
　LORA分析记录
　建议的修理级别
　建议的修理方式

303.4.8　各备选方案的最佳
诊断方案 / 57
　备选设计方案
　备选保障方案
　系统与设备
　分析人员或单位
　分析方法说明
　最佳诊断方案说明

303.4.9　与比较系统的对比
评价结果 / 58
　系统与设备
　比较系统的系统与设备
　分析方法说明
　分析人员或单位
　对比的参数
　对比评价结果

303.4.10　备选方案与能源及
油料要求的权衡分析结果 / 59
　备选设计方案
　系统和设备代码
　分析方法说明
　分析人员或单位
　能源及油料要求描述
　权衡分析建议说明

303.4.11　备选方案与生存
性、战损修复性的权衡分
析结果 / 60
　备选设计方案编号
　系统和设备代码
　分析方法说明
　分析人员或单位
　生存性分析结果描述
　战损修复性分析结果描述
　建议描述

303.4.12　备选方案与运输性
要求的权衡分析结果 / 61
　备选设计方案编号
　系统和设备代码
　分析方法说明
　分析人员或单位
　运输性分析结果描述
　建议说明

303.4.13　备选方案与保障设
施要求的权衡分析结果 / 62
　备选设计方案编号
　系统和设备代码
　分析方法说明
　分析人员或单位
　对保障设施要求的分析结果
　建议说明

303工作项目数据描述模型

图 6-17　承制方 300 系列工作项目的业务数据描述模型

6.6 400系列工作项目业务模型

6.6.1 400系列工作项目业务分析

保障性分析的400系列工作是确定保障资源要求。保障资源是进行装备使用和维修等保障工作的物质基础，也是形成装备保障能力的物质基础。没有保障资源，部队建立不了保障系统，必将严重影响装备保障能力与战斗能力的形成，但配备的保障资源不仅仅只是解决有无的问题，而且要科学合理地根据需求确定保障资源的品种与数量，保证以最少的保障资源、最小的保障负担和最低的保障费用，提供装备所需的保障资源。综合保障工程的最终目的之一就是要提供装备所需的保障资源并建立保障系统。因此，在通过300系列分析工作确定了装备的保障方案之后，还要通过保障性分析的400系列工作项目来确定建立保障系统对保障资源的要求，为后续开展保障资源研制并将保障资源有机地结合组成保障系统奠定基础。400系列工作包含3个工作项目：401——使用与维修工作分析；402——早期现场分析和403——停产后保障分析。

1. 工作项目401—使用与维修工作分析

1）主要目的

分析系统和设备的使用与维修工作，以便确定每项工作的保障资源要求；确定新的或关键的保障资源要求；确定运输性要求；确定超过规定的目标值、门限值或约束的保障要求；为制定备选设计方案提供保障方面的资料，以减少使用与保障费用，优化保障资源要求或提高战备完好性；为制订综合保障文件（如技术手册、训练大纲、人员清单等）提供原始资料。

2）工作要点

（1）对新研系统和设备每项使用、维修与保障工作的要求（工作项目301）进行详细分析，并确定下述内容：①完成工作所需.（要考虑全部综合保障要素）的保障资源；②在新研系统和设备的预定使用环境里，按年度使用基数规定的工作频度、工作间隔、工作时间及工时数；③根据制定的保障计划（工作项目303）规定的维修级别；④工作中使用危险物资、产生有害废料、排放到空气和水中的污染物对环境的影响。

（2）将要点（1）工作的结果记入保障性分析记录或经订购方批准的等效文件中。

（3）确定执行每项工作所需新的或关键的保障资源，以及与这些资源有关的危险物资、有害废料及对环境影响的要求。新资源是指为使用与维护新研系统和设备所需开发的资源。这些资源包括保障新设计或新技术的保障设备、测试设备、保障设施、新的或经调整的人员技能、训练器材、新的与专用的运输系统、新的计算机资源以及新的修理、测试、检查技术和程序。关键保障资源是指那些不是新的，但由于进度要求、费用限制或物资短缺等缘故而需要专门管理的资源。应将新的和调整的保障资源记入保障性分析记录或经订购方批准的等效文件中，以便对资源要求提供说明和理由。

（4）根据使用、维修与保障工作的程序和人员配备情况确定训练要求，对最佳训练方式（正规上课、在职学习或两者结合）提出建议，并论述理由，将结果记入保障性分析记录或经订购方批准的等效文件。

（5）分析每项使用与维修工作对保障资源的要求，确定哪些工作不能满足新研系统和设备的保障性及有关保障性的设计目标值与约束，哪些工作可以优化或简化，以减少使用与保障费用，优化保障资源要求，减少使用的危险物资、产生的有害废料、排放到空气和水中的污染物对环境的影响，或提高战备完好性。提出各种备选的设计方案和解决途径，以便优化与简化工作或将工作要求限制在可接受程度。

（6）根据确定的新的或关键的保障资源，决定采取的管理措施，使与每一项新的或关键的资源有关的风险减到最低。这些措施可能包括制定详细的跟踪程序、修改进度及经费预算。

（7）对新研系统和设备及其分解运输的任何一部分进行运输性分析。如果超过了《铁路超限货物运输规划》及其他有关运输规定的一般要求，应将运输性的工程特性记入保障性分析记录或经订购方批准的等效文件。当运输性方面有问题时，应在制定备选设计方案时予以考虑。

（8）对要求初始供应的保障资源编制供应技术文件，并记入保障性分析记录或经订购方批准的等效文件。

（9）通过对系统和设备样机的使用与维修，确认记入故障性分析记录或经订购方批准的等效文件中的关键信息。确认工作应利用由要点（1）确定的程序和资源来进行，需要时，可加以修正。确认工作应同其他工程专业的演示及试验（如维修性演示、可靠性和耐久性试验）进行协调，以优化确认时间和要求。

（10）编写结果总结和报告，以满足订购方规定的综合保障文件要求。其内容应包括分析过程中记在保障性分析记录中的全部有关数据。

（11）当得到更好的信息或从其他工程专业工作的分析中得到可以利用的数据时，修正保障性分析记录里的数据。

2. 工作项目 402——早期现场分析

1）主要目的

评估新研系统和设备对各种现有的或已计划的系统的影响；确定满足系

和设备要求的人员数量与技术等级；确定未获得必要的保障资源时对新研系统和设备的影响；以及确定作战环境下主要保障资源的要求。

2）工作要点

（1）评估新研系统和设备对现有和已计划的系统（如装备、供应系统、维修系统及运输系统等）所产生的影响。此评估要检查对各方面的影响，如基地工作负荷及进度安排、备件供应与库存因素、测试设备的能力与可用性、人员数量与技术等级、训练计划与要求、油料与润滑剂要求及运输系统，还应确定由于引入新研系统和设备引起现有系统和设备保障的变化。

（2）分析现有的人力资源，确定新研系统和设备所需人员数量与技术等级。根据确定的人员数量与技术等级，确定对现有使用系统的影响。

（3）评估未获得必要数量的保障资源对新研系统战备完好性的影响。此项工作不应重复工作项目303中所进行的分析。

（4）进行生存性分析，以便根据作战使用确定在保障资源要求方面的变化。该分析应依据威慑评估、预定的作战过程概况（为某一系统设计的典型作战条件下行动过程的概要）、系统和设备的易损性、战损修理能力、战斗备品等信息来进行。确定所需的战时保障资源及来源，并形成文件。此项工作不应重复工作项目303中所进行的分析。

（5）制定解决上述评估和分析中所暴露问题的计划。

3. 工作项目403——停产后保障分析

1）主要目的

在关闭生产线之前，分析系统和设备寿命周期内的保障要求，以保证在系统和设备的剩余寿命期内有充足的保障资源。

2）工作要点

评估新研系统和设备的预定使用寿命；确定关闭生产线后可能因供应短缺将出现的系统和设备保障问题；研究与分析系统和设备在预定剩余寿命期内预计保障问题的解决办法；制定系统和设备预定剩余寿命期中进行有效保障的计划并估算执行这项计划的经费，该计划至少应提出制造与修理部门、资料管理、供应管理和技术状态管理等。

6.6.2　400系列工作项目业务结构模型

根据400系列工作项目的输入、输出数据以及综合保障业务流程，其订购方和承制方所要承担的工作项目和具体工作内容如表6-5所列。

根据表6-5，分别建立400系列工作项目订购方和承制方的业务结构模型，如图6-18所示。

表 6-5　400 系列工作项目具体工作内容

工作项目		具体工作
订购方承担的工作		1. 提供承制方所需信息 2. 评估分析工作结果
承制方承担的工作	401——使用与维修工作分析	1. 工作分析 2. 分析文件 3. 新的或关键的保障资源 4. 训练要求和建议 5. 设计的改进 6. 管理措施 7. 运输性分析 8. 供应要求 9. 验证 10. 综合保障输出结果 11. 保障性分析记录的修正
	402——早期现场分析	1. 新研系统和设备的影响 2. 人力资源和人员技术等级 3. 资源不足的影响 4. 战时的资源要求 5. 解决问题的计划
	403——停产后保障分析	停产后的保障计划

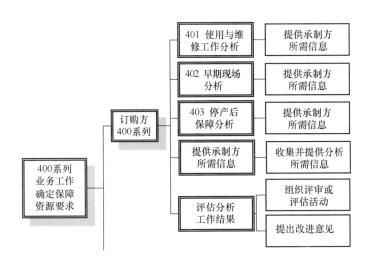

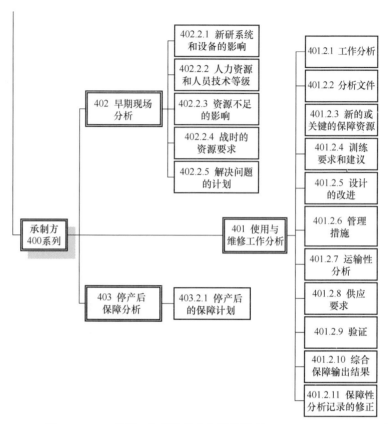

图 6-18   400 系列工作项目的业务结构模型

400 系列工作项目主要是由承制方承担，订购方主要负责为承制方提供分析工作所需的信息并对业务工作的成果进行评估。

6.6.3   400 系列工作项目业务交互模型

根据双方的业务结构模型及业务输入、输出关系，构建 400 系列工作项目的业务交互模型，如图 6-19 所示。

根据保障性分析 400 系列工作项目的业务交互模型可以看到，400 系列工作项目的业务交互关系共包含了 22 项业务交互数据，其中工作项目 401 涉及 11 项交互数据，工作项目 402 涉及 6 项交互数据，工作原因 403 涉及 5 项交互数据。

6.6.4   400 系列工作项目业务数据结构模型

业务交互模型确定后，可用结构树来描述 400 系列工作项目的数据结构，订购方和承制方业务数据结构模型如图 6-20 所示。

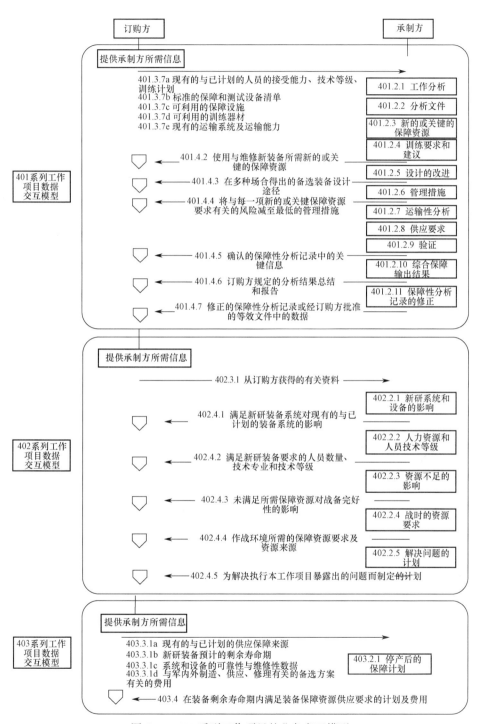

图 6-19　400 系列工作项目的业务交互模型

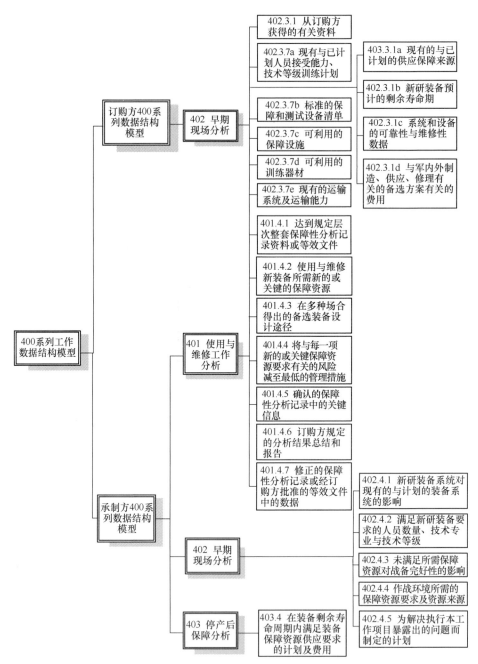

图 6-20　400 系列工作项目的业务数据结构模型

　　订购方 400 系列的数据结构模型包含 10 项数据，主要涉及工作项目 402 早期现场分析工作，订购方应通过早期现场分析提供与现场条件有关的数据，如现有的人力人员情况、保障设备情况、保障设施情况、供应保障来源、系统和设备的可靠性与维修性数据等；承制方 400 系列的数据结构模型包含 13 项数据，主要是承制方通过保障资源需求分析得到满足订购方保障需求的保障资源要求。

6.6.5　400 系列工作项目业务数据描述模型

根据业务交互模型和业务数据结构模型，通过分解与细化构建 400 系列工作项目的业务数据描述模型，如图 6-21 和图 6-22 所示。

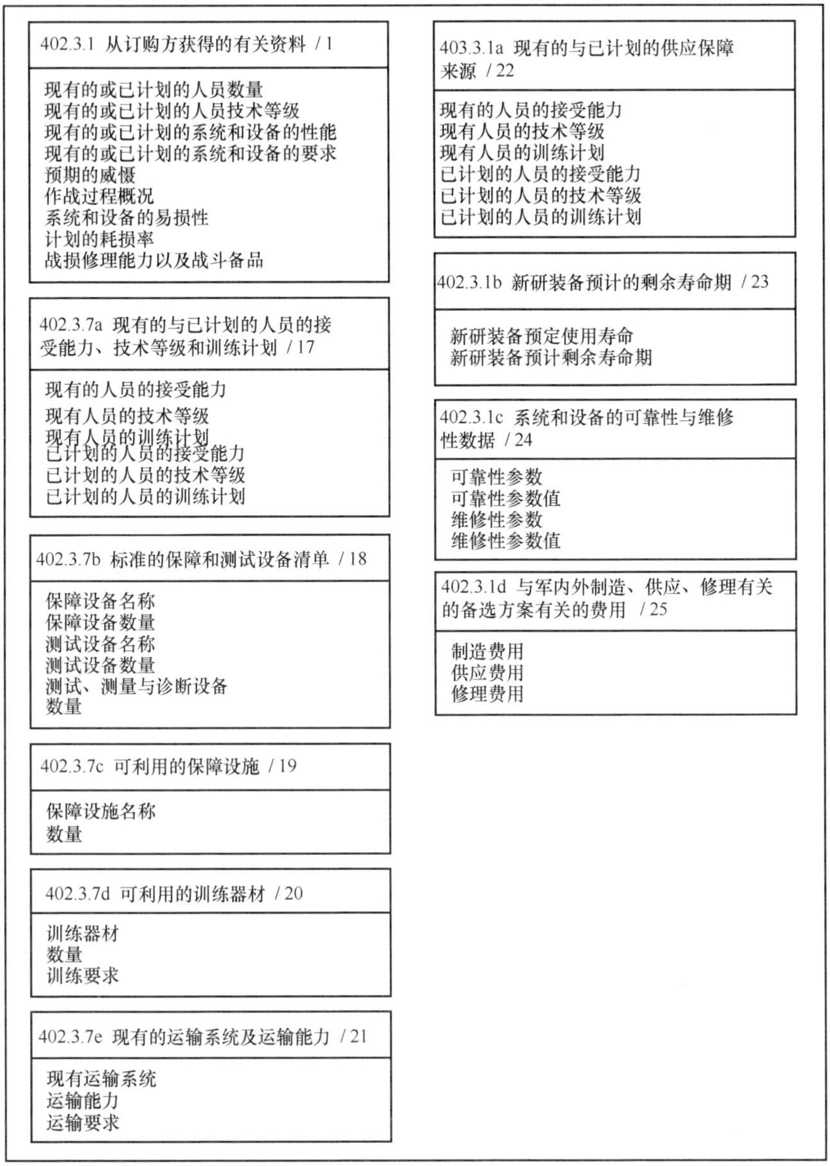

图 6-21　订购方 400 系列工作项目的业务数据描述模型

155

401.4.1 达到规定层次整套保障性分析记录资料或等效文件 / 9

项目分析的硬件
项目分析的软件
项目分析的约定层次
项目相应的维修级别
进度
经营

401.4.5 确认的保障性分析记录中的关键信息 / 14

完成工作所需的保障资源
工作频度
工作间隔
工作时间
工时数
维修级别
污染物对环境的影响

402.4.1 新研装备系统对现有的与计划的装备系统的影响 / 2

基地工作负荷
进度
备件供应
库存
测试设备性能
测试设备的可用性
人员技术等级
人员数量
训练计划
训练要求
油料要求
润滑剂要求
运输要求

403.4 在装备剩余寿命周期内满足装备保障资源供应要求的计划及费用 / 26

资源名称
资源数量
供应要求
供应计划
费用

401.4.2 使用与维修新装备所需新的或关键的保障资源 / 10

保障设备
测试设备
保障设施
人员技术等级
训练器材
运输系统
计算机资源
修理技术
测试技术
测试程序
检测技术
检测程序

401.4.6 订购方规定的分析结果总结和报告 / 15

每项工作的保障资源要求
新的保障资源要求
关键的保障资源要求
运输性要求
超过规定目标值的保障要求
超过规定门限值的保障要求

402.4.2 满足新研装备要求的人员数量、技术专业与技术等级 / 3

人员代码
使用或维修级别
人员专业
人员技术等级
人员数量

401.4.7 修正的保障性分析记录或经订购方批准的等效文件中的数据 / 16

修正的记录
修正的原因

402.4.3 未满足所需保障资源对战备完好性的影响 / 4

资源名称
欠缺数量
对战备完好性的影响

401.4.3 在多种场合得出的备选装备设计途径 / 11

系统目标值
使用与保障费用
战备完好性
设计途径

402.4.4 作战环境所需的保障资源要求及资源来源 / 5

威慑评估
预定的作战概要
系统和设备的易损性
战损修理能力
战斗备品备件
资源来源

401.4.4 将与每一项新的或关键保障资源要求有关的风险减至最低的管理措施 / 13

跟踪程序
改进进度
经费预算

402.4.5 为解决执行本工作项目暴露出的问题而制定的计划 / 6

早期现场分析暴露的问题
解决措施
解决计划

图 6-22　承制方 400 系列工作项目的业务数据描述模型

6.7 500 系列工作项目业务模型

6.7.1 500 系列工作项目业务分析

保障性分析的 500 系列工作是保障性试验、评价与验证。保障性试验与评价工作是装备综合保障工作的重要组成部分，贯穿于装备寿命周期的各个阶段，以保证及时掌握装备保障性的现状与水平，发现保障性的设计缺陷，并为订购方接收装备提供依据。保障性试验与评价是装备保障性分析的主要工作内容之一，是进行各种决策的重要环节，为保障方案的权衡分析、降低研制风险、细化保障要求提供技术支持。保障性试验与评价工作是衡量装备系统在整个研制过程中的保障性水平，评价保障系统的使用效能的管理活动。可见，保障性试验与评价是实现装备保障性目标的重要而有效的决策手段，它贯穿于装备系统的研制与生产的全过程并延伸到部署后的使用阶段。

保障性分析 500 系列工作只包含了一个工作项目，即 501——保障性试验、评价和验证，其概要说明如下。

1) 主要目的

评估新研系统和设备是否达到规定的保障性要求；判明偏离预定要求的原因；确定纠正缺陷和提高系统战备完好性的方法。

2) 工作要点

（1）制定试验与评价的原则并列入系统试验和评价计划中，以保证达到或可能达到规定的保障性和有关保障性的设计要求。试验与评价原则应以新研系统和设备保障性的定量要求，保障性、费用和战备完好性的主宰因素，以及有较高风险的保障问题为基础，要在计划的试验总时间、费用及所承担的统计风险之间进行权衡。应将以往试验与评价经验对试验大纲在验证保障性目标方面的限制以及这些限制对保障性评估精度造成的影响形成文件。

（2）编制确定保障资源的系统保障包的项目清单，对清单中的项目应在保障演示期间进行评价，以及在研制与使用试验中进行试验和确认。该清单包括：①保障性试验的要求；②维修配置表；③技术文件与资料；④备件与修理件；⑤训练器材；⑥通用工具与专用工具；⑦测试、测量与诊断设备；⑧使用和维修人员的数量与技术等级；⑨训练大纲与教材；⑩运输与装卸设备；⑪校准程序与设备；⑫移动与固定的保障设施；⑬嵌入软件的要求；⑭其他保障设备。

（3）制定试验与评价大纲的目标和准则并形成文件；确定为达到这些目标所需的试验资源、程序和进度，并将这些内容写进经过协调的试验大纲和试验与评价计划中。在可接受的置信度范围内，所制定的目标和准则应对保证解决或实现关键的保障性问题和要求提供依据。

（4）分析试验结果，验证、评估新研系统和设备达到规定的保障性要求的程度。为使新研系统和设备达到规定的目标值和门限值，确定保障性和有关保障性的设计参数所需改进的程度。确定新研系统和设备目标值与门限值在可接受的置信度范围内尚未得到验证的部分。不要重复工作项目 303 中已进行过的分析。对试验与评价过程中暴露的保障性问题制定纠正措施。这些纠正措施可能包括修改硬件、软件、保障计划、保障资源和使用规则。根据试验结果，修正已成文的保障计划与保障资源的要求，如包括记入保障性分析记录及其输出报告。这些修正对预计费用、战备完好性和保障资源参数的影响要进行量化。

（5）对使用单位的现场信息收集系统进行分析，以确定在使用环境中可取得新研系统和设备保障性资料的数量与准确性。判明在测量新研系统和设备保障性目标值方面的不足，以及确定在研制与生产期间未经试验验证的保障性因素方面的不足。对于不能从现场数据收集系统中获取所需的保障性数据，应在费用、数据收集的持续时间、用于收集数据的使用部队数量和统计精确度之间进行权衡，以编制一个最佳的现场数据收集计划，并形成文件。计划应包括有关数据收集费用、持续时间、收集方法、使用部队、预测准确度及数据的预定用途等内容。

（6）对从使用单位现场信息收集系统和执行现场数据收集计划中取得的保障性数据进行分析，验证是否达到新研系统和设备的保障性目标值与门限值。当使用结果偏离预定值时，应找出原因并确定纠正措施；分析反馈信息并确定能经济有效地完成改进的范围。将拟采用的改进内容形成文件。

6.7.2　500 系列工作项目业务结构模型

根据 500 系列工作项目，订购方和承制方所要承担的工作项目和具体工作内容如表 6-6 所列。

表 6-6　500 系列工作项目具体工作内容

工作项目		具体工作
订购方承担的工作		1. 提供承制方所需信息 2. 评估分析工作结果
承制方承担的工作	501——保障性试验、评价和验证	1. 根据试验结果修正保障计划与保障资源要求 2. 系统保障包的项目清单 3. 目标和准则 4. 修正和纠正措施 5. 保障性评估计划（部署后） 6. 保障性评估（部署后）

根据表 6-6，建立 500 系列工作项目的业务结构模型，如图 6-23 所示。

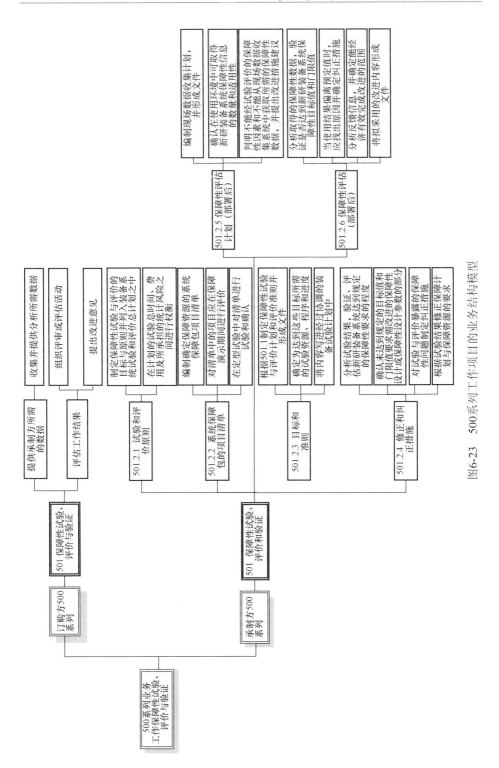

图6-23　500系列工作项目的业务结构模型

在 500 系列工作项目中，具体的试验、评价与验证工作是由承制方负责的，订购方在承制方工作过程中，提供指导、监督以及提供必要的信息支持，并对试验、评价与验证的结果提出审查改进意见，供承制方改进设计或工作。

6.7.3　500 系列工作项目业务交互模型

根据双方的业务结构模型以及业务工作过程，建立 500 系列工作项目的业务交互模型，如图 6-24 所示。

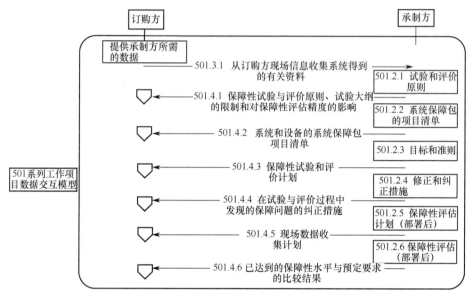

图 6-24　500 系列工作项目的业务交互模型

500 系列工作的交互关系中主要包含 7 项业务数据，主要是承制方开展保障性试验、评价与验证所产生的过程资料和结果数据。

6.7.4　500 系列工作项目业务数据结构模型

根据 500 系列工作项目的业务交互模型，对交互过程中的业务数据进行分解和汇总，然后用结构树来描述 500 系列工作项目的业务数据结构，其模型如图 6-25 所示。

从上述业务数据结构模型中可以看到，订购方 500 系列工作的数据结构模型包含 12 项业务数据，主要是订购方对保障性试验与评价工作的历史经验、有关资料、工作建议和对评估结果的意见等信息；承制方 500 系列工作的数据结构模型包含 6 项数据，主要包含开展保障性试验、评价与验证工作的原则、计划、结果、问题纠正措施等。

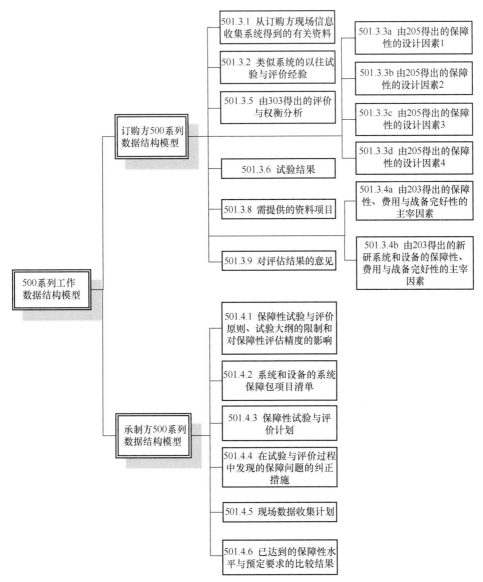

图 6-25　500 系列工作项目的业务数据结构模型

6.7.5　500 系列工作项目业务数据描述模型

根据业务交互模型和业务数据结构模型，可以分别建立 500 系列工作项目订购方和承制方的业务数据描述模型，如图 6-26、图 6-27 所示。

501.3.1 从订购方现场信息收集系统得到的有关资料 / 69

保障资源的名称
保障资源的数量
数据的正确性
在保障方面的不足

501.3.2 类似系统的以往试验与评价经验 / 89

系统与设备代码
类似系统与设备
试验时间
试验与评价过程记录
经验总结
试验与评价数据

501.3.5 由303得出的评价与权衡分析 / 99

303.4.1
303.4.2
303.4.3
303.4.4
303.4.5
303.4.6
303.4.7
303.4.8
303.4.9
303.4.10
303.4.11
303.4.12
303.4.13

501.3.6 试验结果 / 100

试验项目编号
受试系统与设备
试验数据
试验数据说明

501.3.8 需提供的资料项目 / 101

资料编号
资料名称
资料类型
资料内容

501.3.9 对评估结果的意见 / 88

意见编号
意见说明
建议的解决办法

501.3.3a 由205得出的保障性的设计因素1 / 91

系统或设备备选设计方案
使用方案
保障特性名称
保障特性描述

501.3.3b 由205得出的保障性的设计因素2 / 92

新研的系统和设备
参数名称
参数初定目标
有关的风险描述

501.3.3c 由205得出的保障性的设计因素3 / 93

新研的系统或设备代码
约束类型
约束编号
约束描述

501.3.3d 由205得出的保障性的设计因素4 / 94

系统或设备
参数名称
初定目标
目标值
门限值

501.3.4a 由203得出的保障性、费用与战备完好性的主宰因素 / 97

比较系统或设备
新研系统或设备
主宰因素编号
主宰因素类型
因素名称
因素描述

501.3.4b 由203得出的新研系统和设备的保障性、费用与战备完好性的主宰因素 / 97

新研系统或设备
因素类别
因素名称
因素描述

图 6-26 订购方 500 系列工作项目的业务数据描述模型

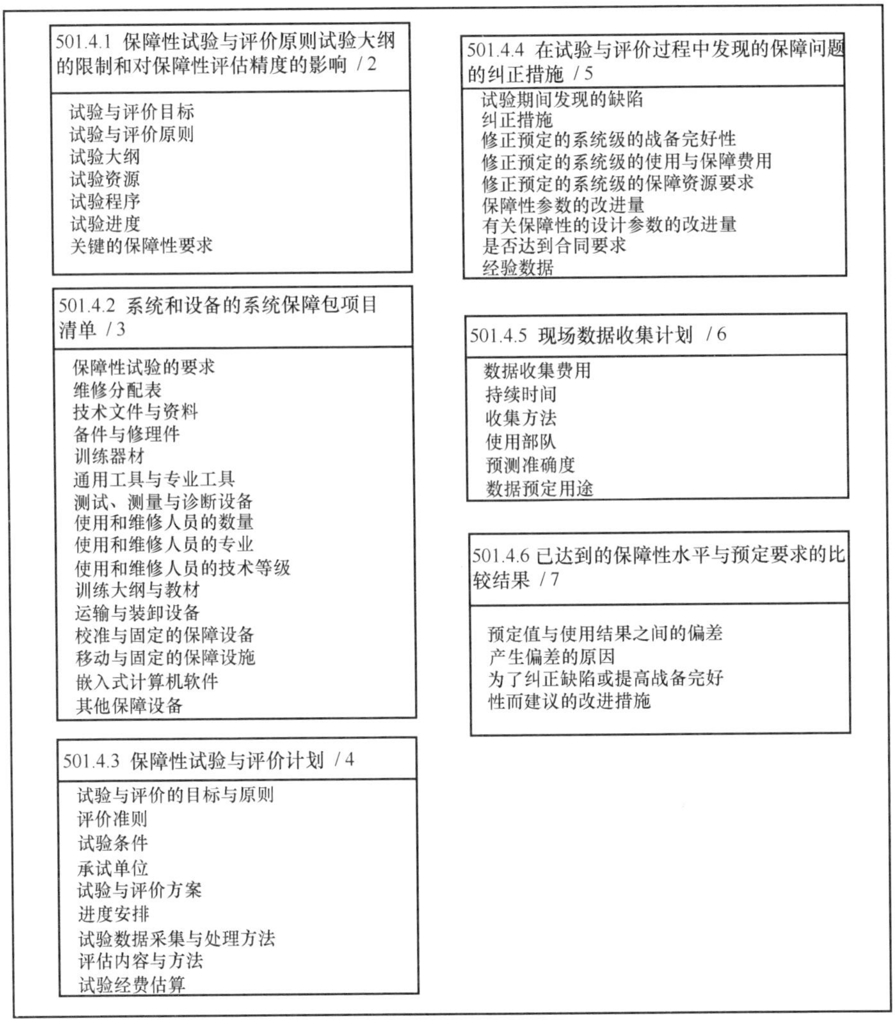

501.4.1 保障性试验与评价原则试验大纲的限制和对保障性评估精度的影响 / 2

试验与评价目标
试验与评价原则
试验大纲
试验资源
试验程序
试验进度
关键的保障性要求

501.4.2 系统和设备的系统保障包项目清单 / 3

保障性试验的要求
维修分配表
技术文件与资料
备件与修理件
训练器材
通用工具与专业工具
测试、测量与诊断设备
使用和维修人员的数量
使用和维修人员的专业
使用和维修人员的技术等级
训练大纲与教材
运输与装卸设备
校准与固定的保障设备
移动与固定的保障设施
嵌入式计算机软件
其他保障设备

501.4.3 保障性试验与评价计划 / 4

试验与评价的目标与原则
评价准则
试验条件
承试单位
试验与评价方案
进度安排
试验数据采集与处理方法
评估内容与方法
试验经费估算

501.4.4 在试验与评价过程中发现的保障问题的纠正措施 / 5

试验期间发现的缺陷
纠正措施
修正预定的系统级的战备完好性
修正预定的系统级的使用与保障费用
修正预定的系统级的保障资源要求
保障性参数的改进量
有关保障性的设计参数的改进量
是否达到合同要求
经验数据

501.4.5 现场数据收集计划 / 6

数据收集费用
持续时间
收集方法
使用部队
预测准确度
数据预定用途

501.4.6 已达到的保障性水平与预定要求的比较结果 / 7

预定值与使用结果之间的偏差
产生偏差的原因
为了纠正缺陷或提高战备完好
性而建议的改进措施

图 6-27 承制方 500 系列工作项目的业务数据描述模型

6.8 小　　结

装备保障性分析是装备综合保障工程的核心业务过程，是装备综合保障工程实现早期规划装备保障、影响装备设计的关键手段。本章针对 GJB—1371《装备保障性分析》中规定的保障分析的工作流程和工作内容，应用业务建模的方法，从业务结构模型、业务交互模型、业务数据结构模型和业务数据描述模型四个方面构建了装备保障性分析各个工作项目的业务模型，形成了以保障性分析为核心的装备综合保障业务模型体系，从而从业务结构、业务流程、业务数据等方面，实现了对装备综合保障业务工作的模型化和知识化表达，为装备综合保障的工程化实践提供了理论参考，也为装备综合保障工作的信息化和相关信息系统的开发奠定了流程和数据模型基础。

对装备综合保障工程过程开展业务建模研究是一项复杂的系统工程过程，而且应该是一个紧密结合工程实践不断对模型进行补充、修正、优化和完善的过程，限于条件和篇幅，本书仅提供了主要的、具有代表性的几种业务模型类型以供参考。在具体实践中，应根据现实条件和需要，进行补充、扩展和细化，以满足工作需要。

第7章　装备综合保障集成化应用框架

　　构建装备综合保障业务模型的根本目标之一就是为在装备系统工程过程中实现装备综合保障工作流程集成、业务集成和信息集成提供概念模型支持，而装备综合保障业务模型最终在型号工程中得以贯彻实施，还需要依托专业化的信息系统来实现。如前文所述，目前国内外市场已具备多种装备综合保障相关应用系统，其中以国外软件为主，这些软件功能各异，标准并不统一，对于国内的用户来说，存在的最大问题主要是这些系统更多关注的是对综合保障工程方法的实现，缺乏对项目业务流程的组织和管理，难以与型号项目的其他工程专业深度融合，因此这些软件在国内的应用尚无成功案例。因此，从开发适应国内工程环境和装备研发流程的角度来说，迫切需要在装备综合保障业务模型的基础之上，进一步从信息系统角度定义统一的应用框架模型，从而为国防工业部门开发和应用相关信息系统，推广和深化装备综合保障工程，提高装备综合保障业务能力提供技术指南。本章从所建立的装备综合保障业务模型出发，规划和设计了一个基于装备综合保障业务数据模型、面向装备综合保障业务工程化实施的"装备综合保障集成化应用框架（Materiel Integrated Logistics Support Integrated Application Framework，MILSIAF）"，该框架本身是一个综合保障工程化信息系统的应用框架模型，它是对装备综合保障业务模型的必要补充，也是其必要的组成部分。该框架模型的主要意图在于汲取以往相关专业软件系统工程化应用中的经验教训，真正面向装备的相关保障特性设计分析人员，考虑用户的工程角色、工作环境、业务流程、数据需求及数据交换，构建一个通用的装备综合保障工程集成化应用系统的参考框架模型，供国内相关专业领域人员参考，以推动国内在装备综合保障领域的工程化开发与应用实践，提高国内相关领域装备综合保障的工程化应用能力。

7.1　应用目标

　　MILSIAF 将用于国内武器装备研制、生产部门，也可以用于军队科研机构、部队装备管理部门等。MILSIAF 系统用于装备研制、生产部门应能够支持企业对复杂装备的设计过程进行支持，辅助开展符合国军标要求的综合保障工程工作，满足军方的设计要求。在军队科研及装备管理部门应用，能够支持对装备可靠性、维修性、保障性等保障相关特性设计需求进行论证和分析，并辅助收集装备的可靠性、维修性、保障性等的使用信息，支持对装备保障活动的管理，促进装备保障能力的改进与提升等。

MILSIAF 的工程应用目标主要包括以下几点。

（1）从装备研制过程中订购方和承制方的业务工作流程出发，将装备综合保障的业务流程和业务模型落实到应用集成环境中，为实现装备保障性分析的过程集成、业务集成与信息集成提供蓝图。

（2）真正面向型号项目的管理环境、企业业务环境和集成环境，以国内武器装备研制、生产部门及军队科研机构、部队装备管理部门等为应用目标，实现对装备综合保障各个相关部门业务交互过程的集成化管理与控制，支持复杂装备综合保障工程的系统工程过程。

（3）通过提供统一的应用参考模型来推动装备综合保障业务模型的工程化应用，促进装备综合保障综合数据环境的开发与建设，为装备综合保障工程的全面工程化应用建立集成化的数据环境。

（4）通过提供统一的业务流程模型来推动 GJB—3872、GJB—1371、GJB—3837 等装备综合保障核心标准在装备型号研制中得到贯彻和应用，并促进这些标准的不断修订与完善。

（5）为国内自主的装备综合保障专业应用系统的开发提供统一的参考方案，推动装备综合保障工程在我军装备型号研制部门中的全面应用，促进我军装备保障性设计水平的全面提高。

7.2　功能结构模型

MILSIAF 主要支持 GJB—1371 所规定的装备可靠性、维修性、保障性及综合保障工程过程中有关的各种需求论证、分析、设计、优化、规划、计划、管理、评审、信息集成等工作。

综合 GJB—1371 的工作要求，结合订购方、承制方业务工作环境，MILSIAF 集成环境定义了以下几类主要功能。

1. 型号项目管理

型号项目管理主要包括工作项目管理、任务管理、计划管理、技术状态管理、IPPD（Integrated Product and Process Development，IPPD）管理以及设计分析过程等的综合管理，为用户提供工程组织、任务与计划等方面的工作环境。

工作项目管理提供对工程项目结构的维护与管理功能，依据工作分解结构（WBS）的有关标准，对型号、设计方案、保障方案等进行维护与组织。

　　任务管理和计划管理功能将依据相关军用标准，以装备研制过程的阶段划分为主线，以项目工作分解结构为工作体系，实现对各个阶段设计分析任务的安排与计划，并提供任务完成进度的审查功能，可以直接为工程技术人员提供明确的工作任务和工作计划，保证各个工程研制阶段综合保障工作的针对性和计划性，以及保证综合保障工作过程与装备研制进度的同步展开。

　　技术状态管理功能将为所有业务分析数据维护一个基线版本和多个工作版本，工作版本需要通过审核并提交变更为基线版本，这一过程将依据技术状态管理的有关标准要求进行管理和控制，保证综合保障业务分析数据的高度一致性和可回溯性。

　　IPDD 管理功能是为在型号项目研制过程中推行综合产品与过程开发方法，将装备从方案到保障的所有活动进行综合考虑，通过对多功能小组（Integrated Product Team，IPT）进行管理来同时优化装备研制及其保障过程，从而达到满足装备研制目标的目的。该功能支持对多功能小组的全面管理与维护，可以根据小组成员的角色和所属的部门，安排成员的工作任务和工作权限，并为 IPT 提供共享的工作空间和实时交流手段，实现工作的协同开展。

2. 设计分析工具集

　　装备综合保障设计分析工具是装备综合保障工程在装备研制过程中影响装备设计的关键设计分析手段。装备综合保障设计分析工具集提供包括设计要求、可靠性分析与设计、维修性分析与设计、保障性设计与分析、保障资源需求分析、保障方案权衡、保障性试验与评价等方面的主要设计分析工具，这些工具的工作原理及过程可以依据已有的军用标准和规范开发，并随着标准的发展而及时更新。

　　设计分析工具集具体包括基础数据录入、使用研究与任务剖面建模、保障性要求管理、设计方案管理、产品结构建模、故障模式管理、保障方案管理、RCMA、LORA、OMTA、可靠性分析子工具集、维修性分析子工具集、保障方案评价与权衡分析、设计方案评价与权衡分析、保障资源需求分析、保障性试验评价与验证管理、保障性分析评审等模块，提供基本的设计分析能力，这些设计分析工具的基本功能描述如下。

　　（1）基础数据录入：对在开展保障性分析工作过程中需要用到的基础数据进行分类、输入、维护和管理，如装备型号、人员专业、维修级别、设计要求等，以及现役装备的相关数据信息等。

　　（2）使用研究与任务剖面建模：对装备使用任务、使用要求、使用环境等进行分析，建立装备的使用任务剖面模型，辅助完成装备的使用功能分析。

（3）保障性要求管理：对装备及其子系统、部组件的保障性设计要求进行管理，包括保障性设计要求参数的选取、指标值的确定等。

（4）设计方案管理：设计方案是对装备设计基线的一种抽象表达，表达了装备的某种特有的技术状态，如不同的结构、布局、技术性能、部件选用等。本功能构建装备不同的设计方案并对设计方案进行定义和说明，在需要时对设计方案进行修订。

（5）产品结构建模：产品结构建模工具的主要功能是为工程技术人员提供建立产品功能结构或物理结构层次模型的工具，并能够定义产品各个组成部分的基本信息。产品结构的建立将为后续设计分析工作提供一个清晰的层次化工作框架。

（6）故障模式管理：故障源自装备的设计，又是导致装备保障活动的关键因素。装备保障性分析的出发点是装备及其各组成部分的各种潜在故障模式，包括故障现象、故障原因、故障影响等，故障模式管理工具完成基本的产品故障模式管理功能，为装备综合保障分析工作维护一个故障模式信息库。

（7）保障方案管理：保障方案是对装备使用与维修保障工作的总体规划和设计。保障方案管理针对装备的设计方案，维护和管理其对应的使用保障方案和维修保障方案。使用保障方案根据装备的任务剖面模型，确定装备在使用中所需的保障工作；而维修保障方案（又包括预防性维修保障方案和修复性维修保障方案）针对装备使用中的故障或损伤等，确定其所需要开展的预防性维修工作和修复性维修工作。

（8）RCMA：可靠性为中心的维修分析（RCMA）是确定装备预防性维修保障方案的基本方法和工具，RCMA 工具按照有关国军标要求，提供 RCMA 的逻辑决断过程，并形成装备的预防性维修保障方案。

（9）LORA：修理级别分析（LORA）是确定装备修复性维修保障方案的基本方法和工具，LORA 工具按照有关国军标要求，辅助确定装备修理工作的级别，它支持经济性分析和非经济性分析的 LORA 过程，并形成装备的修复性维修保障方案。

（10）OMTA：针对已经建立的装备保障方案，对装备使用与维修工作项目进行分解，建立使用或维修工作的网络模型，并建立装备的使用和维修工作与装备保障资源需求之间的关系。

（11）可靠性分析子工具集：开展可靠性设计分析工作的工具集合，包括可靠性分配、可靠性预计、FMECA、FTA 等分析工具。

（12）维修性分析子工具集：开展维修性设计分析工作的工具集合，包括维修性分配、维修性预计、维修性建模、维修性设计准则等分析工具。

（13）保障方案评价与权衡分析：通过多因素和单因素评价方法，对装备保障方案进行评价与权衡分析，为选定保障方案提供决策支持。

（14）设计方案评价与权衡分析：在保障方案评价与权衡分析的基础上，对装备设计方案的优劣进行评价和权衡分析，为设计方案的选定提供决策支持。

（15）保障资源需求分析：针对已选定的保障方案及其已确定的维修保障工作，确定出实现保障方案所需的各类保障资源的品种与数量，主要包括人力人员、保障设备、备品备件、保障装备、保障设施、训练保障、包装运输、计算机保障等相关的设计分析功能。

（16）保障性试验评价与验证管理：对保障性的试验、评价及验证工作过程进行管理。

（17）保障性分析评审：支持根据保障性分析工作的完整性、完备性以及科学性等对保障性分析过程进行综合分析与评审。

3. 技术信息服务

装备综合保障工程业务工作的数据成果，将为在装备全寿命周期中开展装备保障工作提供重要的参考数据和专业知识，是装备全寿命周期保障工作的数据基础。MILSIAF 应用框架，定义了用于支持保障性业务数据共享与交换的技术信息服务功能，主要包括综合知识库、LSAR 数据服务、IETM 资料服务、远程信息服务、项目文档管理等功能。具体功能说明如下。

（1）综合知识服务：为装备寿命周期过程中的综合保障业务工作提供政策、标准、方法、工具、数据、知识和管理的支持，辅助装备的研制部门和使用部门开展有效的装备综合保障工程业务工作，提供知识的全文检索能力，并能具备持续的知识的收集、扩充能力，为设计分析人员在设计过程中随时、随地获得相关的数据和知识提供及时的服务。

（2）LSAR 数据服务：保障性分析记录（Logistics Support Analysis Record，LSAR）是装备保障性分析的数据结果，也是建立装备保障系统的重要依据。LSAR 数据服务可以为使用方用户提供符合相关标准的 LSAR 数据访问、交换与更新等，可以根据需要以标准格式输出 LSAR 报表、保障方案报告等。

（3）IETM 资料服务：交互式电子技术手册（Interactive Electronic Technical Manual，IETM）是装备综合保障所倡导的交互化、电子化、智能化的装备技术保障资料，能够大大提高装备技术手册的可用性、实时性和方便性，并提高保障工作的效率和质量。装备保障性分析的结果是编制 IETM 不可或缺的数据基础。基于保障性分析工作的数据基础，为装备研制方和使用方编制和更新 IETM 提供基本资料服务，是装备综合保障工作应用平台的基本功能。该服务可以以标准格式为用户提供 IETM 素材、IETM 维修手册等的数据交换与共享。

（4）远程信息服务：为未来装备的使用用户提供远程的技术信息服务，以方便装备使用方能够快速及时地获取关于装备设计、使用和保障的相关信息与数据，为用户提供远程技术支持，同时能够及时收集装备使用中的质量问题，促进装备的改进与升级。

（5）项目文档管理：为整个装备综合保障业务流程提供文档管理支持，包括文档的生成、审查、审批、流转、版本控制、归档、查询等，使得整个装备综合保障业务流程得到文档化管理。

4. 综合数据库

综合数据库是 MILSIAF 框架的数据服务基础设施。它具体包括 LSAR 数据库、系统工作数据库和知识仓库三个基础设施。其中 LSAR 数据库是装备保障性分析工作的主要专业数据存储设施，系统工作数据库是应用系统运行所需数据的存储设施，而知识仓库是对装备综合保障相关标准、数据、案例、文档等参考资料进行电子化处理，并利用知识工程方法对信息、数据和知识进行全面的处理、管理与维护，同时为平台的应用与开发者提供知识服务接口。

5. 系统集成框架

系统的集成框架主要完成系统中的工具、数据及数据安全性的管理。该框架提供工具集成接口、工具配置与管理、系统数据维护、系统安全管理、系统更新管理等功能。

集成框架提供的系统安全管理功能考虑各个层次的数据安全要求，提供对数据加密、用户认证、工具认证、数据保密传输、软件狗等安全方式的支持，保证信息的安全控制。

MILSIAF 的总体功能框架如图 7-1 所示。

7.3 业务流程模型

MILSIAF 基于装备综合保障的相关国家军用标准，定义了在集成化环境下的装备综合保障业务流程模型。该模型从各类专业工作内容关注的层级出发，将装备综合保障业务工作划分为四个层次，即系统工程层次、装备型号层次、保障方案层次和保障资源层次。系统工程层次主要提供全局通用的辅助支持工具和手段，辅助整个业务流程各个阶段业务工作的执行和开展。装备型号层次从整个装备型号的角度组织实施业务工作，推进整个项目的发展。保障方案层次业务工作关注于特定保障方案，针对保障方案的形成而开展工作。保障资源层次的各项业务工作围绕保障方案中对各类保障资源的需求而展开，最终形成装备的保障资源配置方案。该流程模型从全局上明确了装备综合保障各个业务项目之间的工作逻辑关系，MILSIAF 定义的总体业务流程模型如图 7-2 所示。

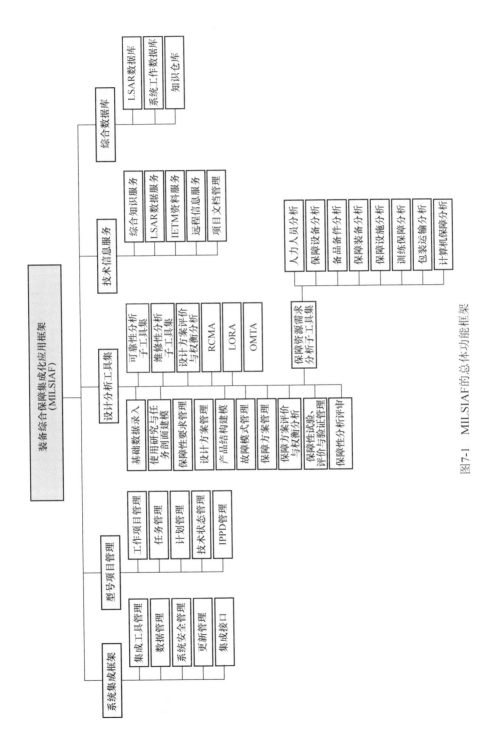

图 7-1　MILSIAF 的总体功能框架

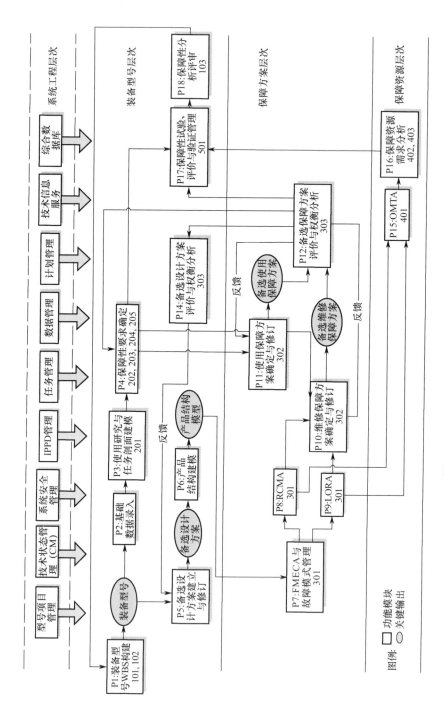

图7-2 MILSIAF定义的总体业务流程模型

7.4 数据交互模型

为了进一步明确装备综合保障业务工作项目之间的输入输出关系，MIL-SIAF 框架以综合保障的业务流程模型为基础，从全局上构建了各个业务工作之间的数据交互模型。数据交互模型的作用是明确各个业务工作项目的工作基础信息和工作成果输出，同时也定义各项工作的输出成果的流动和演化过程，为综合保障集成化数据环境的构建提供数据模型指南。MILSIAF 框架的数据交互模型的核心是装备保障性分析的数据模型和数据交互关系。MILSIAF 的数据交互模型如图 7-3 所示。

7.5 小　　结

装备综合保障工程是一项复杂的系统工程实践活动，事实证明，没有信息化、集成化、工程化的工作环境以及专业工具软件的支持，装备综合保障工程的业务过程是难以有效开展的。本章基于第 6 章所建立的装备综合保障业务模型，从工程化应用的目的出发，规划并提出了一个"装备综合保障集成化应用框架（MILSIAF）"，该框架从集成化应用的目标出发，设计了装备综合保障业务平台的总体功能结构模型、业务流程模型和数据交互模型等，为建立和开发基于业务模型的装备综合保障集成化应用系统提供了参考模型和技术方案。

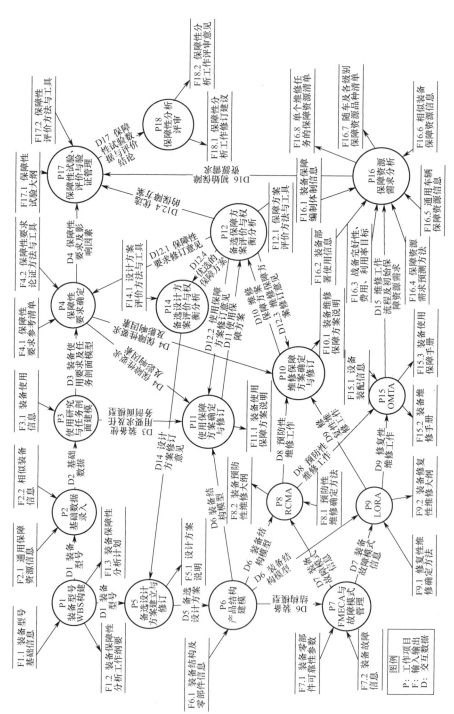

图7-3 MILSIAF的数据交互模型

第 8 章　总结与展望

本书从业务建模的角度出发，探索了通过业务建模过程建立装备综合保障业务模型的方法，并提出了装备综合保障的业务模型体系。基于业务建模的装备综合保障工程将更加符合综合保障工程化的发展需要，将有助于更加系统地在型号项目中落实综合保障工程的思想和具体工作，从而促进装备保障能力的提升，同时也将为我军综合保障相关标准、软件平台、实施体系的发展建设提供重要思路。具体来说，本书的内容为综合保障工程的工程化应用提供了以下创新性成果。

（1）从工程应用的角度研究了综合保障系统工程实施体系，提出了包含四个层次的综合保障工程化实施体系，并明确了基于业务建模的装备综合保障业务模型构建的基本思路，对建模过程进行了详细说明。

（2）以业务工程理论为基础，提出了装备综合保障业务工程理论，建立了以业务工程理论为基础，以业务模型为核心，构建装备综合保障业务模型体系来支撑装备综合保障的工程化实施的理论思路。

（3）依据有关国家军用标准，从综合保障业务出发，开展了综合保障业务建模，构建了装备综合保障的业务体系模型、业务交互模型及业务数据模型等，从而构建了完整的综合保障业务模型体系。

（4）从工程应用的角度研究了综合保障业务模型的工程应用技术，对基于综合保障业务模型的装备综合保障工程集成化应用环境框架技术进行了研究，提出了面向集成化产品开发环境的综合保障工程业务环境的概念，提出了一个可参考的应用环境框架模型，为相关信息系统的开发或综合保障工程集成化应用环境的建设奠定了理论基础。

应该说明的是，由于建模的复杂性和难度，当前在该领域的研究工作还不够深入细致，还需要进一步深化和细化，这将是今后国内在该领域的一项长期性的工作。总之，从业务建模角度出发，建立装备综合保障业务模型及业务模型标准是下一步装备综合保障技术工程化发展所急需的。

应该说，在未来数字化、智能化的制造业背景下，装备系统工程过程将是基于模型的系统工程（Model-Based Systems Engineering，MBSE）过程，它以需求模型、业务模型、设计模型、流程模型、数据模型、仿真模型等模型资产为工作核心，围绕模型驱动整个装备研发过程将是装备研制部门未来的产品开发模式，也是装备研发过程的未来发展趋势。装备综合保障业务模型体系的建立与完善将是对这一未来发展趋势的很好支持，也是装备综合保障工程深入工程化的大好机遇。

MBSE 是建模方法在系统研发领域的形式化应用，以使建模方法支持复杂系统的需求、设计、分析、验证和确认等活动，这些活动从概念性设计阶段开始，持续贯穿到系统的设计开发以及后来的所有寿命周期阶段。国外把基于模型的系统工程视为系统工程的"革命""系统工程的未来""系统工程的转型"等。

MBSE 的提出，实质是基于自然语言的系统工程转到模型化的系统工程，把人们对工程系统的全部认识、设计、试验、仿真、评估、判据等全部以模型的形式进行定义和利用。MBSE 在工业部门的深入实践，将为装备综合保障工程工作带来重大发展。

1. MBSE 将促进工程系统和系统工程从伴生到融合

MBSE 下系统模型成为各专业学科模型的集线器。各专业学科的模型已经被大量应用于工程设计的各个方面，但模型缺乏统一的编码，也无法共享，建模工作仍处于"烟囱式"的信息传递模式，形成了一个个的"模型孤岛"，没有与系统工程工作流良好结合。在 MBSE 下，系统模型成了各学科模型的"集线器"，各方人员围绕系统模型开展需求分析、系统设计、仿真等工作，便于工程团队的协同工作。这就使整个设计团队可以更好地利用各专业学科在模型、软件工具上的先进成果。综合保障业务模型作为一种专业学科模型将能够更好地与装备系统模型深度融合，其终极结果就是综合保障业务模型作为独立的专业模型将"消失"，综合保障工程的业务要素彻底融入整个装备系统工程过程中，以更加自然和根本的方式影响装备设计。

2. MBSE 推动系统工程的智能化发展

MBSE 出现后，系统工程的本质没有变，只是运行的形态发生了变化。MBSE 下，工程研制工作由过去的"80% 劳动、20% 创造"转变为"20% 劳动、80% 创造"。如同能战胜人类围棋高手的 AlphaGo 软件，其实质是让机器模仿人，发挥机器海量存储、高速计算、不知疲劳的优点，代替人从事繁重、繁杂、重复性的脑力劳动，实现人与计算机的更优化的分工，从而推动系统工程向智能化发展。在这一背景下，以业务模型为基础的装备综合保障工程将实现更加智能化、自动化的运行模式，大大简化复杂的人为参与的设计分析过程，整个业务过程将更加高效而准确。

3. MBSE 将大大促进系统工程过程的模块化、标准化和灵活性

MBSE 的深化发展，将彻底改变传统的系统工程作业模式，以模型为基础开展系统的全寿命周期设计、分析与研发工作，将促进系统工程模型体系的不断发展和完善，其中包括复杂的业务模型体系。而业务模型的建立将为系统工程工作的模块化、标准化带来推动作用，从而进一步促进系统工程体系变得更具适应性，能够适应更加复杂多变的系统需求和环境条件，以更加高效灵活的方式响应用户的需求和市场的变化。同样，这对综合保障工程业务来说，也将促进其更加灵活和具备更强的工程适应性。

　　由于我国开展装备综合保障工作时间较晚，虽说已经编制了许多有关的国家军用标准，开展了大量该领域的研究工作，但在装备型号上系统全面地开展装备综合保障工作的经验还很缺乏。在这样的背景下对装备综合保障在工程实施中的业务模型进行研究和探索，可以为综合保障真正实现工程化应用提供有益的探索，并能够推动该领域的深入发展。总之，综合保障在工程环境下的实施，首先需要进一步完善工程实施体系和环境建设，这还需要开展大量的基础性工作。笔者认为，应对装备综合保障业务模型开展更进一步的研究工作，细化模型结构和内容并积极地在工程实践中加以修正，同时不断结合工程应用经验修订有关国家军用标准，提高标准的工程指导意义和可操作性，这将是下一步综合保障工程推广实施的重点工作。

参考文献

[1] 单志伟. 装备综合保障工程[M]. 北京：国防工业出版社, 2007.

[2] 孙红宇, 陈守华, 周建明. 刍议 GJB—1371 与 GJB—3837 的关系[J]. 兵工自动化, 2010, 29(3):4-7.

[3] 徐宗昌. 保障性工程与管理[M]. 北京：国防工业出版社, 2006.

[4] 何国伟. 从 ISO9000、军标发展到 CMMI-SE/IPPD(一)[J]. 质量与可靠性, 2003, (06): 28-33.

[5] 何国伟. 从 ISO9000、军标发展到 CMMI-SE/IPPD(二)[J]. 质量与可靠性, 2003, (08): 18-23.

[6] 何国伟. 从 ISO9000、军标发展到 CMMI-SE/IPPD(三)[J]. 质量与可靠性, 2003, (10): 24-29.

[7] 庚桂平, S 3000L《后勤保障分析国际程序规范》介绍[J]. 航空标准化与质量, 2013(06):49-53.

[8] 高微. 电子政务领域业务建模方法研究与应用[D]. 北京：中国科学院研究生院, 2007.

[9] 张燕生, 高展. 业务建模五步法研究[J]. 微计算机信息 2010, (03):55-56.

[10] 郭齐胜. 系统建模与仿真[M]. 北京：国防工业出版社, 1997.

[11] 李勇, 刘晓东. 数据建模技术在电信业务支撑系统中的应用研究[J]. 计算机应用, 2005, (09):2159-2162.

[12] 徐东. 装备综合保障关键技术研究[D]. 长沙：国防科学技术大学, 2006.

[13] 于永利, 康瑞. 装备综合保障基础理论及技术的若干问题[J]. 装甲兵工程学院学报, 2010, 24(06):1-8.

[14] 齐兴昌. 西安 ASN 公司综合保障管理体系及实施方法研究[D]. 西安：西北工业大学, 2007.

[15] 陈野. 国外保障性试验与评价的做法与启示[J]. 装甲兵工程学院学报, 2005, 19(06): 27-30.

[16] 郑元珠, 王体义. 雷达装备综合保障数字化业务平台研究[J]. 现代雷达, 2011, 33(04): 13-16.

[17] 毛旭东, 李春林, 余仁波. 制定保障方案的流程研究[J]. 舰船电子工程, 2009, 29(01): 157-160.

[18] 单宇. 基于 UML 的信息系统业务建模方法[J]. 佳木斯大学学报(自然科学版), 2006, (06):213-216.

［19］曹军海，孙涛，史劭坤，等.装备综合保障仿真一体化建模研究［J］.装甲兵工程学院
学报，2009，23（04）：6-10.

［20］黄卓.装备综合保障信息系统模型管理技术研究［D］.长沙：国防科学技术大学，2003.

［21］李博.装备综合保障中的数学方法［J］.国防科技，2009，30（06）：39-44.

［22］张志明.装备综合保障工程技术与方法研究［J］.舰船电子工程，2011，31（05）：29-33.

［23］吕明春，王旭，张延坤，等.装备综合保障相关问题的探讨［J］.质量与可靠性，
2010，（02）：12-14.

［24］张俊毅.基于工作流的现代造船工程计划管理业务建模研究［J］.船海工程，2009，
38（06）：57-60.

［25］肖浩.基于 UML 以 RUP 为过程指导的业务建模［D］.武汉：武汉大学，2004.

［26］张柳，于永利.装备维修保障系统建模理论与方法［M］.北京：国防工业出版
社，2012.

［27］曹大海.基于着色 Petri 网的图形化工作流建模工具的设计与实现［D］.北京：清华大
学，2005.

［28］袁崇义.Petri 网原理［M］.北京：电子工业出版社，1998.

［29］林闯.随机 Petri 网和系统性能评价（第 2 版）［M］.北京：清华大学出版社，2005.

［30］吴哲辉.Petri 网导论［M］.北京：机械工业出版社，2006.

［31］刘建华，吴洁明，张正.OOAD 技术在业务建模中的应用［J］.计算机与现代化，
2004，（12）：42-44.

［32］黄卓，郭波.更新理论推理过程及其应用［J］.数学的实践与认识，2006，（09）：
200-204.

［33］刘付显，邢清华.预防维修决策分析［J］.系统工程与电子技术，2001，（06）：44-45.

［34］邵世纲，杨泽萱，张欣.国外武器装备综合保障发展态势及启示［J］.航空标准化
与质量，2019，（03）：52-56.

［35］卿光辉，李文赞，马超.国内外装备综合保障标准数据模型分析［J］.中国民航大
学学报，2016，34（05）：35-39.

［36］邵世纲，邢冠楠，崔寅，等.航天装备综合保障信息管理平台体系架构及工程研制实
践［J］.导弹与航天运载技术，2018，（02）：24-30.

［37］刘东，李冬，等.装备综合保障技术［J］.国防科技，2009，30（06）：45-52.

［38］黄傲林，李庆民，黎铁冰.综合保障工程数据标准化与实现［J］.四川兵工学报，2014，
35（01）：53-57.

［39］陈红涛，等.基于模型的系统工程的基本原理［J］.中国航天，2016（03）：18-23.

［40］栾恩杰，等.工程系统和系统工程［J］.工程研究−跨学科视野中的工程，2016，8（05）：
480-490.